SnSe/SnO₂ 异质结光催化复合材料的制备及性能研究

廖 磊 —— 著

四川大学出版社
SICHUAN UNIVERSITY PRESS

图书在版编目（CIP）数据

SnSe/SnO$_2$ 异质结光催化复合材料的制备及性能研究 / 廖磊著. -- 成都：四川大学出版社，2024.8. -- ISBN 978-7-5690-7211-2

Ⅰ．TB33

中国国家版本馆CIP数据核字第2024NF1135号

书　　名：SnSe/SnO$_2$ 异质结光催化复合材料的制备及性能研究
　　　　　SnSe/SnO$_2$ Yizhijie Guangcuihua Fuhe Cailiao de Zhibei ji Xingneng Yanjiu
著　　者：廖　磊

选题策划：吴连英　刘柳序
责任编辑：刘柳序
责任校对：周维彬
装帧设计：墨创文化
责任印制：王　炜

出版发行：四川大学出版社有限责任公司
　　　　　地址：成都市一环路南一段24号（610065）
　　　　　电话：（028）85408311（发行部）、85400276（总编室）
　　　　　电子邮箱：scupress@vip.163.com
　　　　　网址：https://press.scu.edu.cn
印前制作：四川胜翔数码印务设计有限公司
印刷装订：四川五洲彩印有限责任公司

成品尺寸：170 mm×240 mm
印　　张：8.25
字　　数：159千字

扫码获取数字资源

版　　次：2024年8月 第1版
印　　次：2024年8月 第1次印刷
定　　价：48.00元

四川大学出版社
微信公众号

本社图书如有印装质量问题，请联系发行部调换

版权所有 ◆ 侵权必究

前言

21世纪,随着全球经济发展和人口的快速增长,化石燃料过度开采和大规模地开发使用,给人类的可持续发展带来了严峻的环境问题。因此,寻找环境友好、成本可控的污染治理技术和清洁高效、易开发利用的新型材料成为人类进入21世纪迫切追寻的目标。

自1972年,藤岛昭(Fujishima)和本多健一(Honda)首次报道了在常温常压下水能够被TiO_2分解为氢气和氧气的现象以来,半导体作为光催化剂在有机物降解、CO_2还原、水分解和重金属离子还原等领域引起了人们的兴趣。以太阳光作为光源,利用光催化的氧化还原反应来直接降解消除有毒有机污染物的半导体光催化技术,成为一种理想的环境污染治理方法。

在污染物降解中,化学性质稳定、禁带能在1~4 eV之间的环境友好型的半导体材料(如ZnO、TiO_2、SnO_2等)常被用作光催化剂。其中,二氧化锡(SnO_2)是一种带隙约为3.6 eV的半导体,由于其独特的结构和较高的氧化电位,以及成本低廉和环境友好的特点,SnO_2基光催化剂在光催化降解除污领域得到了较大的关注。但是由于目前SnO_2基光催化剂还存在量子转换效率低、光响应范围窄、光子利用率低、传质速率慢等问题,SnO_2基光催化技术的应用受到了一定程度的制约。

此外,高效的半导体光催化剂还与材料的表(界)面结构、形貌、组成等密切相关。因此,本书以反应光催化降解有机物的需求为导向，以 SnO_2 为研究对象，分析并讨论了材料的形貌结构、尺寸大小、异质结类型等对催化活性的影响，以期进一步揭示材料间协调作用机制、材料的空间及尺寸结构效应等，以获得系列具有高活性的光催化剂。本书共分 7 章，其中第 1 章系统介绍了光催化的反应机理、影响因素及改性策略；第 2 章主要介绍了可见光响应的 SnO_2 基光催化材料的制备与表征方法以及 SnO_2 基光催化活性提升的主要策略；第 3～6 章分别重点介绍了 Sn_3O_4、$SnO_2/SnSe$、核壳结构 $SnSe/SnO_2$ 以及 $SnO_2/SnSe@rGO$ 的合成制备，以及不同异质结结构、形貌与复合材料可见光吸收性能、光生载流子分离与传输以及光催化降级亚甲基蓝性能的关系及机理；第 7 章为本书结论。希望本书能为广大从事光催化复合材料性能研究及应用领域的科研工作者、工程技术人员和高校师生提供参考。

由于光催化技术研究进展日新月异，具有较强的综合性，涉及的知识面广，限于著者的学识水平、经验阅历以及写作时间，书中难免有疏漏和不妥之处，恳请各位专家和读者批评指正。

著 者

2023 年 11 月

目 录

1 绪论 …………………………………………………………（1）
  1.1 半导体光催化原理简介 …………………………………（1）
  1.2 提升 SnO_2 纳米材料光催化性能的研究进展…………（4）
  1.3 硒化锡（SnSe）及其光催化材料研究进展……………（20）
  1.4 本书立题依据及研究内容 ………………………………（21）

2 样品制备及表征方法 …………………………………………（24）
  2.1 样品制备方法及实验试剂 ………………………………（24）
  2.2 材料的结构表征 …………………………………………（27）
  2.3 材料的光学特性分析 ……………………………………（29）
  2.4 材料的电荷分离性能分析 ………………………………（29）
  2.5 材料的光催化活性分析 …………………………………（30）
  2.6 材料的活性物种分析 ……………………………………（30）

3 花状 Sn_3O_4 的水热法制备及性能研究 ……………………（32）
  3.1 样品制备 …………………………………………………（32）
  3.2 结果与讨论 ………………………………………………（33）
  3.3 本章小结 …………………………………………………（44）

4 微纳尺度异质结 $SnSe/SnO_2$ 复合材料的制备及光催化性能 ………（46）
  4.1 样品制备 …………………………………………………（46）
  4.2 结果与讨论 ………………………………………………（47）
  4.3 本章小结 …………………………………………………（62）

5 核壳型异质结 $SnSe-NSs/SnO_2-NPs$ 的制备及光催化性能 ………（63）
  5.1 样品制备 …………………………………………………（63）
  5.2 结果与讨论 ………………………………………………（64）
  5.3 本章小结 …………………………………………………（81）

6 SnSe/SnO$_2$@rGO 复合材料的制备及光催化性能 ·················· (83)
   6.1 样品制备 ··· (83)
   6.2 结果与讨论 ·· (85)
   6.3 本章小结 ··· (95)
7   结论 ·· (96)
  参考文献 ··· (98)

1 绪论

随着人类社会的发展和进步，可持续发展已成为现代社会必须选择的道路。在实现可持续发展的道路上，如何有效破解环境污染治理难题已成为社会各界面临的重大挑战[1]。目前，虽然采用物理吸附或过滤有害物质、掩埋或焚烧固体废弃物等传统的手段治理环境污染取得了一定效果，但这些方法仍存在处理成本较高、降解效率较低以及易对环境造成二次污染等缺点，因此寻找高效、节能、环保的治理手段是当前社会各界所关注的焦点。在众多治理手段中，以半导体作为光催化剂吸收太阳光降解有机物的方法，因其降解效率高、成本低廉和对环境的负面影响较小等优点，逐渐成为当今治理环境污染的重要技术之一。

1839年，贝克雷尔（Becquerel）在通过光波辐照电解池的研究中，率先发现了光生伏特效应[2]。1955年，基于光电化学能量转换，布拉特恩（Brattain）和加勒特（Garrett）对光电现象的理论进行了合理的阐述[3]。1972年，藤岛昭（Fujishima）和本多健一（Honda）首次报道了在常温常压下水能够被TiO_2分解为氢气和氧气的现象[4]，从此，光催化技术诞生。在20世纪70年代，凯瑞（Carey）[5]和巴德（Bard）[6]寻找到了光降解剧毒化合物多氯联苯的切入点，并成功利用TiO_2光催化技术对多氯联苯进行了降解，进一步推广了光催化技术的应用。如今，半导体光催化技术已经在室内空气净化、自清洁抗污、光催化固氮以及光催化肿瘤治疗等领域得到了广泛使用，越来越多的新型半导体催化材料已经投入环境污染治理的应用中，并被广泛用于有机物降解[7]、CO_2还原[8]、水分解[9]和重金属离子还原[10]等领域。

1.1 半导体光催化原理简介

布拉斯拉夫斯基（Braslavsky）[11]认为光催化是物质在吸收光子能量被激发后，改变反应速率或者初始反应速率，并引起化合物成分产生化学变化的过程。光催化剂是指在上述催化反应前后，其本身的物理化学性质不发生变化，同时在光催化过程中可以重复循环使用并有利于提升光催化反应速率的物质。

如果参与光催化反应的光催化剂本身具有半导体的特性，这一类光催化剂被称为半导体光催化剂。与其他光催化剂相比，半导体光催化剂具有独特的能带结构，其能带结构也是由价带（valence band，VB）、导带（conduction band，CB）和禁带（forbidden band，FB）三个部分共同构成。其中，禁带的宽度由带隙（band gap，E_g）值的大小衡量。一般来说，带隙越宽，材料的绝缘性越好；带隙越窄，材料的导电性越好。

基于此模型，当半导体光催化剂处于光照的环境中，并且照射光的能量 hv（h 代表普朗克常数，v 代表光频率）大于或等于半导体催化剂禁带能量时，将促发由半导体光催化剂引发的光催化反应，其原理如图 1.1 所示。

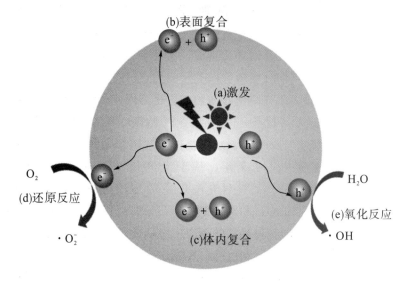

图 1.1　光催化反应原理示意图

该路径可以简要地描述为以下三个步骤。

（1）光生载流子的产生：当辐照半导体光催化剂的光子能量超过其带隙且被半导体吸收后，会激发半导体光催化剂价带上的电子跃迁至高能级的导带中，形成光生电子（e^-）。与此同时，因电子跃迁，会在价带中留下相应的空位，这些空位被称为光生空穴（h^+）。e^- 和 h^+ 被统称为光生载流子。

（2）光生载流子的传递、转移、俘获：受激发产生的光生载流子主要有两种扩散和转移的方式。一种是在迁移过程中被缺陷俘获或发生复合；另一种是顺利迁移到催化剂表面。

（3）光生载流子参与光催化降解反应：当具有还原性的光生电子（e^-）和具有氧化性的光生空穴（h^+）成功迁移至催化剂表面后，能够导致类似电解过程中的氧化还原反应的发生。基于此反应，可以实现光解水制备 H_2 或 O_2，还原 CO_2 或者降解环境中的有机物。

为推动上述光催化反应的高效进行，半导体光催化剂需要具备高效的光子利用率、载流子分离效率，以及能产生具有强氧化还原能力的光生载流子。而半导体光催化剂的能带结构与以上因素有着非常密切的关系。因此，选择与制备具有合适能带结构的半导体光催化剂，就成了半导体光催化技术的关键。通常情况下，半导体光催化剂的 E_g 值的大小决定了光吸收范围的宽窄。半导体的吸收波长阈值 λ 与 E_g 的关系可以用式（1-1）表示：

$$\lambda = \frac{1240}{E_g} \qquad (1-1)$$

而光催化反应进行的可能性，则主要受到半导体导带底电势（E_{CB}）和价带顶电势（E_{VB}）的影响。氧化电势的大小与半导体光催化剂的价带顶的电位成正相关，价带顶的电位越正，氧化电势越大，则 h^+ 的氧化能力越强；同理，还原电势的大小与半导体光催化剂导带底的电位成负相关，导带底的电位越负，还原电势越小，则 e^- 的还原能力越强。

在当前研究和现实中，常被用作光催化剂的半导体材料主要有 ZnO[13]、TiO_2[14]、WO_3[15]、SnO_2[16]、CdS[17]、$CdSe$[18]等，其禁带能在 $1\sim4$ eV 之间。根据相关资料整理了几种常见的半导体光催化剂在 pH=7 时的能带边缘电位和禁带宽度[12]，如图 1.2 所示。从图 1.2 中可以观察到，若要促使发生光催化氧化反应，光催化反应中供体的价带顶的电势需要比图中半导体价带顶的电势更高；若要保证光催化还原反应顺利进行，充当受体物质的导带底的电势需要比图中半导体导带底的电势更低。

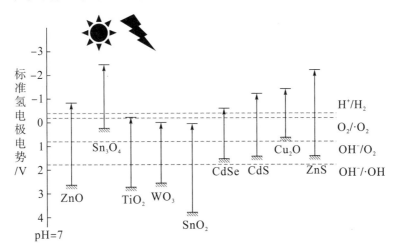

图 1.2 在 pH=7 时，几种常见半导体光催化剂能带边缘电位和禁带宽度[12]

以标准氢电极（normal hydrogen electrode，NHE）的电势为参考，并定义 NHE 在任何温度下的标准电极电势均为 0，则 $\cdot O_2 / \cdot O_2^-$ 的电势为 -0.28 eV（下文均为与 NHE 相比的电势），若该电势值比半导体光催化剂的 E_{CB} 更正时，O_2 将接受从半导体转移来的电子（e^-），并被 e^- 还原成超氧自由基（$\cdot O_2^-$）[19]；同理，在此条件下，$\cdot OH/H_2O$ 的电势为 $+2.27$ eV，$\cdot OH/OH^-$ 的电势为 $+1.99$ eV，若该电势比半导体光催化剂的 E_{VB} 更负时，催化剂表面吸附的 H_2O 或 OH^- 将接受从半导体转移来的光生空穴（h^+），并被 h^+ 氧化为羟基自由基（$\cdot OH$）[19]。由此可知，在光催化反应过程中主要产生的三种活性物质——$\cdot O_2^-$、$\cdot OH$ 以及 h^+，均是污染物能被光催化剂催化降解的重要因素。为保证较强的空穴氧化能力以及 $\cdot OH$ 的有效生成，应尽可能地考虑价带顶更正的半导体光催化剂。其中，自莱顿（Wrighton）[20] 首次通过紫外线照射掺锑 SnO_2 电偶并出现了 O_2 以来，SnO_2 因其较高的氧化电位、成本低廉和环境友好等特点，使研究人员对其产生了强烈的研究兴趣[21—22]。

1.2 提升 SnO_2 纳米材料光催化性能的研究进展

SnO_2 具有多种晶型，主要有板钛型、锐钛型和金红石型。其中常见的金红石型 SnO_2 属于正方晶系，晶格常数 $a=b=4.584$ Å（1Å=0.1 nm），$c=2.953$ Å，$c/a=0.644$。在室温下，金红石型 SnO_2 是直接宽带隙（$E_g=3.02$ eV）半导体，对光的吸收能力差，只能被紫外光激发。由光催化机理可知，想进一步提高 SnO_2 的光催化效率至少需要满足以下四个条件：①具有可利用可见-近红外光的光吸收范围；②具有强氧化还原能力的光生载流子，以保证光催化反应的高效率发生；③具有高效的光生载流子分离与转移能力；④具备较大的比表面积。然而，受固有物理特性的制约，传统的 SnO_2 难以同时满足以上四个条件。为了克服固有的缺点，需要通过调整 SnO_2 的形貌结构和能带结构来提高光生载流子的产生效率，降低光生载流子的复合效率。

1.2.1 SnO_2 纳米材料的形貌调控

材料的性能与本身的形貌、结构等因素有着非常密切的关系，尤其是当材料的尺寸达到纳米级时，由于量子效应的作用，会使纳米尺度材料的物化特性表现出显著的不同。因此，人们尝试通过制备、合成不同维度、不同尺寸的 SnO_2 纳米材料，以提高 SnO_2 的光催化性能。

1. 纳米颗粒

常玉成[23]和布瓦内斯瓦里（Bhuvaneswari）[24]通过对比 SnO_2 纳米颗粒（粒径<100 nm）与体状 SnO_2，发现 SnO_2 纳米颗粒不仅具有较大的比表面积、较短的光生载流子迁移距离，而且具有更强的光吸收能力，因此 SnO_2 纳米颗粒表现出良好的光催化性能。有趣的是，当 SnO_2 纳米颗粒等于或小于激子的玻尔半径（2.7 nm）时，SnO_2 纳米颗粒将产生量子尺寸效应[25-26]，在这种效应下，纳米 SnO_2 的能带宽度将变宽[27]，能进一步提高 SnO_2 的氧化还原电位。同时，纳米尺寸有助于材料的比表面积增加，加速光催化降解效率[28]。卡尔（Kar）[29]制备了平均粒径为 2 nm 的 SnO_2 纳米颗粒，由于其较高的比表面积和高密度的表面缺陷，模拟太阳辐射下在 120 min 内 SnO_2 纳米颗粒对亚甲基蓝（MB）的降解率几乎达到 100%，其表征结果如图 1.3 所示。

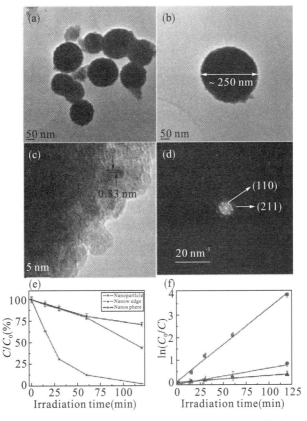

图 1.3　SnO_2 纳米颗粒（NSs）的 TEM 图像（a）（b）；高分辨率透射电子显微镜（HRTEM）图像（c）；在（c）圈中区域的快速傅里叶变换（FFT）图案（d）；SnO_2 对 MB 降解率与辐照时间的关系（e）；$\ln(C_0/C)$ 随辐照时间变化的关系（f）[29]

此外，在SnO_2纳米颗粒中引入适当的表面缺陷，可以将其带隙缩小到可被可见光激发的区域，使得SnO_2的光催化能力得到进一步增强[30]。杨元杰[30]通过水热法引入氧空位合成缺陷SnO_2纳米颗粒，证明了较窄的带隙和大量的氧空位能优化SnO_2纳米颗粒的电子结构，使得合成的样品在可见光照射下进行热还原钼染料时表现出优异的光催化活性。同时，该实验在同等反应条件下进行了4次循环，显示了SnO_2纳米颗粒高度的稳定性。刘建桥[31]采用自下而上的自组装方法，在水溶液中制备了具有16.7%的氧空位、4.2 eV带隙以及平均尺寸为3 nm的SnO_2量子点，他将这些量子点添加到含有辛烷的溶液体系中并持续暴露在紫外-可见光下，经48 h就可使辛烷达到约91.9%的降解率。同时这些SnO_2量子点在90天内仍能保持良好的光催化性能。

2. 低维纳米结构

一维结构的纳米线、二维结构的纳米片等低维纳米结构具有光生载流子速度快、比表面积大等特点[32]。因此，具有此类结构的SnO_2光催化剂在氧化还原反应中显示出了较好的光催化性能。

韩玉涛[33]用溶液法合成了直径为80~120 nm的多孔SnO_2纳米线束，阿萨德格扎德-阿塔尔（A. Sadeghzadeh-Attar）[34]采用液相沉积法在氧化铝模板上沉积了直径为100~120 nm的SnO_2纳米线，结果表明SnO_2纳米线在光催化降解有机染料的实验中表现出良好的效果。阿尔哈比（Alharbi）[35]在水热法制备纳米SnO_2体系中加入谷氨酰胺作为封端剂，制得了平均微晶尺寸为48.38 nm的SnO_2纳米棒。经60 min可见光照射后，测得结晶紫染料在谷氨酰胺辅助的氧化锡纳米棒上的光降解效率为97.38%。同时，所制备的SnO_2纳米棒在3次光催化降解后，光催化性能基本没有降低，表现出良好的可重复利用性。实验证明，SnO_2纳米线、纳米棒可以有效地实现电荷转移，提供了更快转移光生电子的直接途径，并能有效抑制界面电荷的复合，表现出良好的光催化性能[36]。

SnO_2纳米片由于其独特的光催化性能，在光催化领域也获得了较为广泛的应用。赵德鹏[37]采用水热法合成了SnO_2纳米片结构，并证实了合成的产物具有较大的比表面积。实验证明，该SnO_2表现出良好的光催化活性和对Fe^{3+}、Ni^{2+}良好的去除能力。常玉成[23]用水热法合成了由纳米颗粒和纳米片组成的SnO_2复合材料，该复合材料拥有更强的缺陷发射特点，在蓝光LED照射下，与市售的ZnO和TiO_2纳米材料相比，此SnO_2纳米复合材料的光催化性能最好。

3. 三维纳米结构

三维纳米结构主要是指纳米球、纳米阵列或核壳结构等一些特殊的纳米结构。该类结构较好的光催化性能主要归结于其复杂的空间结构——不仅能显著增大比表面积,而且光生载流子的分离效率也得到有效提升。张虎林[38]对比了在模拟太阳光照射下,SnO_2 纳米花和 SnO_2 纳米棒对光催化去除罗丹明 B(RHB)和甲基橙(MO)的效果,与 SnO_2 纳米棒相比,SnO_2 纳米花具有更大的比表面积和分级结构,能够促进太阳光的吸收,也为反应物的扩散提供了径向微通道,因而具有更高的光催化活性。瑞图(Ritu)[39]采用水热法制备了具有高比表面积(约 44 $m^2 \cdot g^{-1}$)的 SnO_2 纳米花,证实由纳米片聚集的 SnO_2 纳米花可吸收更多的入射光,在可见光照射 90 min 后,SnO_2 纳米花对孟加拉玫瑰红(RB)染料的降解率达到 96%,结果如图 1.4 所示。张希[40]采用静电纺丝和水热法相结合的方法制备了 $SnS_2@SnO_2$ 纳米花,该结构能有效地将载流子从晶体内部传输到表面,充分促进载流子的分离。陈海涛[41]在草酸溶液中对锡箔进行阳极氧化,合成了具有"蜂巢"状纳米通道的 SnO_2 纳米结构。实验表明,这种结构不仅有助于电荷的分离,而且能持续保持光生载流子的活性,从而使得具有"蜂巢"状纳米通道的 SnO_2 表现出较强的光催化性能。

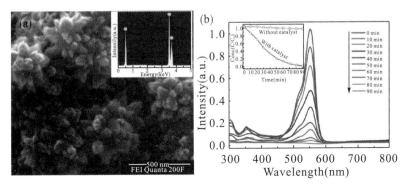

图 1.4 (a)SnO_2 纳米花的场发射扫描电镜(FE-SEM)图像和能谱(EDS)(插图)以及(b)在可见光照射下光催化降解 RB 染料的降解曲线[39]

此外,具有大比表面积和活性位点的核壳结构已成为提高 SnO_2 基复合材料光催化性能的有效结构。王鑫[42]利用微波水热法将 SnO_2 核壳微球固定在碳微球模板上,有效减小了光生载流子转移到催化剂表面的距离,从而使得光生载流子能够在相对更短的时间内扩散到 SnO_2 表面,提升了核壳结构 SnO_2 的光催化活性。贾伯祥[43]通过实验证实了具有大比表面积的 SnO_2 核壳微球,在紫外光照射 30 min 后,能够以其高效的光催化活性降解有机染料。郑希恩[44]、阿·法哈迪（A. Farhadi）[45]和穆罕默德（Muhammad）[46]分别合成了SnO_2-TiO_2、TiO_2@SnO_2和SnO_2/V_2O_5核壳纳米结构，证明光催化活性的显著提高主要是由于较大的比表面积、光催化剂界面上电荷的高效分离以及光生载流子复合率较低。其中，SnO_2-TiO_2核壳纳米柱阵列结构，较TiO_2薄膜的光催化活性提高了约300%。因此，核壳结构是改善光催化性能的有效手段。

1.2.2 SnO_2纳米材料的能带结构调控

SnO_2纳米材料的能带结构可以通过掺杂、调整固溶体成分、调控化学计量比等方法进行调控，从而优化光催化性能。

1. 掺杂

由于SnO_2禁带宽度的限制，纯相SnO_2不能被可见光激发，这严重影响了SnO_2在光催化领域的应用。掺杂金属、非金属元素是缩小SnO_2带隙，提高其可见光吸收率的有效方法。

1）金属掺杂

所谓金属掺杂SnO_2半导体，是指在SnO_2晶体结构内部中引入杂质金属离子，利用金属离子取代SnO_2晶格中的Sn^{4+}。当Sn^{4+}被替代后，杂质金属离子的能级将出现在SnO_2的带隙能级中，有效减小E_g值，从而使得SnO_2价带中的电子能更容易跃迁，提高SnO_2对可见光的响应范围。

截至目前，研究较多的掺杂金属有Sb、Zr、Zn、Fe、Ni等。其中，Sb掺杂可显著提高SnO_2的施主能级[47]，这是因为Sn^{4+}被Sb^{5+}取代会生成一个单价正电荷中心，同时还伴随着多余的价电子出现，这样的取代能够大大增加半导体的导电性能。杨柳青[48]通过实验发现Sb掺杂的SnO_2用于光催化CO_2还原和气体异丙醇（PA）氧化时表现出较好的光催化性能。为了进一步了解掺杂在调整电子结构和减少载流子复合方面的优势，杨柳青[49]通过计算发现，Sb和O原子之间的反键态水平低于Sn和O原子之间的反键态水平，这会导致Sb掺杂后SnO_2的导带位置降低，从而降低带隙宽度，如图1.5所示。此外，杨柳青[49]还发现掺Sb的SnO_2在费米能级附近的态密度显著增加，说明掺Sb后的SnO_2，其载流子的浓度和电导性能都有所提升，从而使得SnO_2在掺杂Sb后表现出更强的光催化性能。

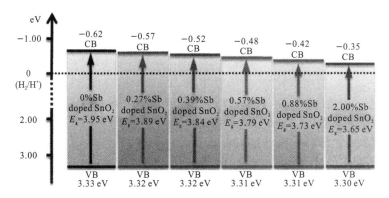

图 1.5 SnO_2 和不同 Sb 含量掺杂 SnO_2 的能级示意[49]

用其他金属掺杂 SnO_2 时，也发现了类似的情况。索尔坦（Soltan）[50]通过多元醇法制备了 Zn 掺杂的 SnO_2 纳米颗粒，发现掺杂 10% 锌的 SnO_2 纳米颗粒的禁带宽度从 3.5 eV 降至 3.17 eV，在辐照 120 min 后，SnO_2 纳米颗粒对 MB 和甲基橙（MO）的降解率达到 98%。与纯 SnO_2 相比，O_2 和 H_2O 可以在 Zn 掺杂的 SnO_2 表面与原子形成电子传输通道，促进电子转移，从而提高光催化性能[51]。奥斯曼（Othmen）[52]制备的 Fe 掺杂的 SnO_2 纳米颗粒，带隙为 2.96 eV，同样实现了 SnO_2 纳米颗粒对可见光的吸收和光催化性能的提升。同时还发现了随着 Fe 掺杂量的提高，SnO_2 对可见光的吸收强度也随之提升。在 RHB 的降解过程中，掺 Fe 后的 SnO_2 在模拟阳光下表现出比纯 SnO_2 更强的光催化活性[53]。Ni 掺杂可能会促进电子和空穴的生成，并可临时捕获电子以抑制复合过程[54]。与纯的 SnO_2 相比，1% 的 Ni 掺杂 SnO_2 的载流子分离效率得到提高，同时 1% 的 Ni 掺杂 SnO_2 纳米粒子对 RHB 的降解率几乎是纯 SnO_2 纳米粒子的 2 倍[55]。阿里（Ali）[56]发现，当 Ni 掺杂的浓度从 1% 增加到 5% 时，Ni 掺杂的 $ZnO-SnO_2$ 纳米颗粒吸收带边从 550 nm 移动到 710 nm。在 Ni 掺杂后，其样品的光致发光（photoluminescence，PL）强度降低了 10 倍，这表明界面上的电荷转移效率更高。

2）非金属掺杂

所谓非金属掺杂 SnO_2 半导体，是指将非金属离子引入 SnO_2 晶体结构内部取代 SnO_2 中的 O^{2-}，在 SnO_2 的带隙能级中产生杂质能级，从而降低 SnO_2 的带隙宽度，实现可见光激发。非金属掺杂后的 SnO_2 对可见光的响应范围增加，太阳光的利用率得到提高。截至目前，研究较多的掺杂非金属是 N、S、C、Cl 和 F 等。

陈雨薇[57]合成了 N 掺杂的 SnO_2，掺杂后 SnO_2 的光催化性能有较大的提升，N掺杂使SnO_2禁带宽度从3.31 eV降低到3.14 eV，使SnO_2在更大范围内对可见光产生了响应，同时还使得SnO_2内部的载流子产生了更高效的分离。巴乌纳（Bhawna）[58]认为N掺杂SnO_2后，SnO_2晶格中的一些O原子被N原子取代，N 2p轨道与价带O 2p轨道重叠，导致向低能方向移动。

类似的，C掺杂[9]和S掺杂[60]不仅能增加SnO_2对可见光的吸收，而且还促进了光生电子的传输。通过光催化性能对比发现，C掺杂SnO_2的可见光催化产氢速率较未掺杂SnO_2的产氢速率提升了近1.5倍；S掺杂SnO_2在可见光照射下可降解近93%的罗丹明B（RHB），还原约87%的Cr(Ⅵ)，是未掺杂SnO_2在同等条件下的10倍。此外，梁宝燕[15]以SnO_2微球为原料，通过快速退火处理合成了Cl掺杂的SnO_2纳米颗粒。将这些SnO_2纳米颗粒添加在甲基橙（MO）的降解体系中，在可见光下暴露60 min后，其对MO的降解率能达到99%。徐剑[61]基于密度泛函理论计算了F掺杂的SnO_2体系的电子结构，与未掺F的SnO_2相比，结果表明F掺杂后的SnO_2体系，其费米能级进入导带，能带发生简并且具有较高的电子迁移率。王小龙[62]合成的介孔FTO纳米颗粒在紫外光照射下降解MO时，在80 min内降解率可达97%。理论计算发现采用两种或两种以上特定杂质共掺杂时也存在以上现象。高梦婷[59]通过第一性原理计算证明，C和S原子之间通过晶格畸变的相互作用很强，并且完全填充的能级被引入价带的顶部，从而有效减少了SnO_2带隙值，并对带电缺陷的产生起到一定的抑制作用，如图1.6所示。这样有助于SnO_2的光催化性能得到进一步提升。

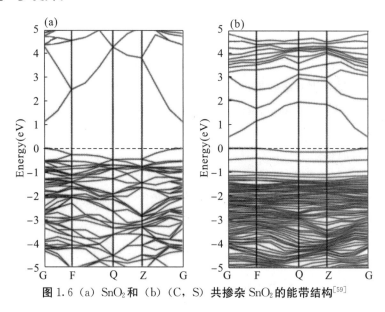

图1.6 (a) SnO_2和 (b) (C, S) 共掺杂SnO_2的能带结构[59]

3）自掺杂

尽管掺杂可以提高 SnO_2 的活性，但引入的杂质元素可能会引起附加应力。相反，自掺杂可以产生缺陷中心，有助于调整带隙，实现可见光吸收[63]。王景辉[64]使用 $SnCl_2$ 为前驱体，尿素或 H_2O_2 为添加剂，通过水热法制备了 Sn^{2+} 掺杂的 SnO_2，发现掺杂后的 SnO_2 的比表面积变大，光生电子与空穴的分离效果好，光催化降解甲基橙的效率高。类似的，范聪敏[65]通过调控 $Sn/SnCl_4$ 的物质的量之比也制备了 Sn^{2+} 自掺杂的 SnO_2。他们认为，随着掺杂比例的增加，Sn^{2+} 掺杂的 SnO_2 的光吸收边相比纯 SnO_2 发生了明显的红移，带隙有显著减小。由于自掺杂样品具有较高的载流子分离效率，当 $Sn/SnCl_4$ 的物质的量之比为 1∶4 时，在 15 min 内，自掺杂 SnO_2 对 MO 的降解率达到 99.5%。Long[66]也发现 Sn^{2+} 掺杂可以缩小 SnO_2 的带隙，掺杂后的 SnO_2 纳米颗粒在可见光照射下表现出意想不到的可见光活性。此外，王洪康[27]通过理论计算进一步证明了 Sn 自掺杂可以产生氧空位缺陷，氧空位不仅可以允许在 O 原子上有效捕获空穴，而且可以作为电荷转移的活性中心，因此能有效提高光催化性能，如图 1.7 所示。

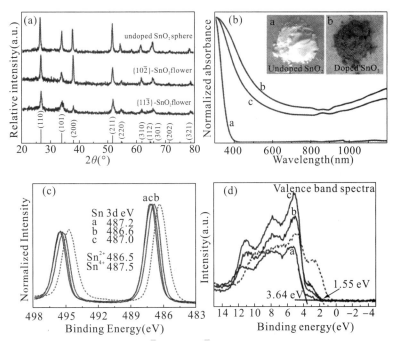

图 1.7　未掺杂 SnO_2 空心球和 $(11\bar{3})$ 和 $(10\bar{2})$ 刻面 SnO_2 纳米粉末的（a）X 射线衍射图，（b）紫外可见近红外漫反射光谱，（c）XPS Sn 3d 谱和（d）价带 XPS 光谱[27]

2. 调整固溶体成分

掺杂可以在一定程度上改善 SnO_2 光催化剂的性能，但掺杂过量会增加载流子复合位点的数量。与掺杂不同，固溶体的形成将有助于减小带隙，从而优化材料的光催化性能。固溶体通常是由两种及两种以上的组分溶解后形成的固体晶体，具有成分均匀且连续的特点。巴古吉（Bargougui）[67]研究了 $Ti_{0.5}Sn_{0.5}O_2$ 固溶体，与纯 SnO_2 相比，该固溶体的光学带隙更小，对可见光具有更强的吸收能力，同时光催化降解靛胭脂红（IC）的效果显著优于纯 SnO_2 降解的效果。徐湘兰[68]通过共沉淀法制备了以 Cu^{2+} 离子形式存在于 SnO_2 晶格中的固溶体。拉曼光谱证实，对于纯固溶体，表面缺陷的数量随着铜含量的增加而增加，达到晶格容量时，固溶体具有最佳的催化性能。类似的，饶程[69]将金属阳离子（Ce^{4+}、Mn^{3+}、Cu^{2+}）引入 SnO_2 的晶格中，获得了具有较大比表面积的非连续固溶体，如图 1.8 所示。此类非连续固溶体 SnO_2 相比于常规的 SnO_2 纳米颗粒具有更优的光催化性。这是因为 Sn^{4+} 被引入的金属离子选择性地取代，固溶体能够连续调节主体 SnO_2 的带隙，避免形成分散的能级，从而降低杂质能级成为载流子复合中心的风险[70]。

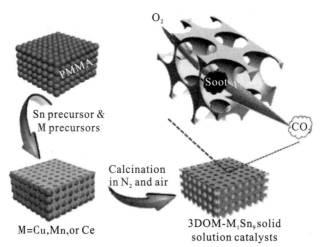

图 1.8 金属阳离子（Ce^{4+}、Mn^{3+}、Cu^{2+}）修饰的 3DOM SnO_2 基固溶体[69]

3. 调控化学计量比

除了掺杂或形成固溶体使得 SnO_2 的能带结构发生变化以优化其光催化活性，当组成 SnO_2 的化学配比发生变化时，其电子结构也将不可避免地发生变化，相关产物的性能同样也会受影响。根据文献报道，在一定条件下，SnO_2 可以与中间相 SnO[71]、Sn_3O_4[72]相互转化，因此中间相 SnO、Sn_3O_4 在光催化领域受到了广泛关注。研究 SnO 和 Sn_3O_4 在光催化中的作用对于设计新型二氧化锡基光催化剂是必要的。SnO 具有合适的能量带宽，能够吸收可见光，同时其层间存在的孤对电子有助于实现电荷的快速转移[73]，因此可用于优化材料的光催化性能。例如，将 SnO 通过光沉积法和原位生长法，分别形成了 $SnO/g-C_3N_4$[74] 和 SnO/ZnO[75] 纳米结构光催化剂。实验结果表明，光生电子在 SnO 存在时难以与空穴发生复合，同时由于 SnO 的带隙较窄，SnO 基复合光催化剂更容易吸收可见光。在自然光照下，MO 在 80 min 内被 $SnO/g-C_3N_4$ 完全降解。此外，SnO/ZnO 纳米结构光催化剂也表现出很好的光催化性能，其性能比纯 ZnO 纳米结构提高了 9.2 倍。

理论计算表明，有一种中间相混合价态（Sn^{4+} 与 Sn^{2+} 共存）的 Sn_3O_4 具有理想的能带结构，其 CB 最小值远高于 SnO_2[76]，如图 1.9 所示。因此，在理想状态下，Sn_3O_4 具有在可见光下分解水的能力[77]。巴尔古德（Balgude）[78] 通过水热方法制备了带隙为 2.62 eV 的 Sn_3O_4 微球，优秀的可见光吸收能力使它们具有快速的析氢速率（88.4 mol·h^{-1}/0.1 g）。赫达（Huda）[79] 采用微波辅助水热法成功地合成了带隙为 2.73 eV 的 Sn_3O_4 花状结构微球，在可见光催化直接蓝 71（DB71）时表现出高效的光催化活性。

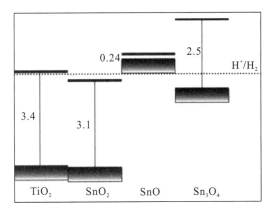

图 1.9 相对于金红石型 TiO_2 的能带结构，SnO_2、SnO 和 Sn_3O_4 的带隙位置[76]

1.2.3 SnO_2 基异质结材料

高效的光催化材料需要既能有效提高光生载流子的激发效率，抑制光生载流子的复合率，又要有效提高光生载流子的利用率。构建表面异质结构有望同时满足以上要求，获得高光催化性能的 SnO_2。研究发现，将 SnO_2 与其他半导体、贵金属或碳材料复合可以获得独特的综合性能，进一步提升 SnO_2 的光催化性能[80-81]。

1. SnO_2/半导体异质结

多项研究结果表明,具有异质结结构的 SnO_2 基半导体复合材料能够使光生载流子在进行复合时的难度增大,提高光子的利用效率。因此相比单相的 SnO_2,具有异质结的 SnO_2 基半导体复合材料拥有更高的光催化活性[82-83]。

图 1.10 为跨界带隙(Type-Ⅰ),交错带隙(Type-Ⅱ)和破裂带隙(Type-Ⅲ)[84]三类半导体异质结能带结构的示意图。其中,Type-Ⅰ和 Type-Ⅲ型异质结不利于载流子的有效分离,因此已有的 SnO_2 基复合半导体异质结主要采用了 Type-Ⅱ型异质结设计,如 $SnS_2@SnO_2$[40]、SnO_2-TiO_2[44]、$TiO_2@SnO_2$[45] 和 SnO_2/V_2O_5[46]等。其中,经紫外光照射 4 h 后,具有 SnO_2/CdS 异质结的纳米棒对刚果红染料的降解率(97%)几乎是普通 SnO_2 纳米棒降解率(20%)的 5 倍[85]。SnO_2-ZnO 异质结复合材料在可见光下降解酸性橙 10(Acid Orange 10,AO10)染料 60 min 后,模拟污染物基本降解完毕[86]。这是由于 SnO_2(SCⅡ)的导带和价带的能级均低于复合的半导体(SCⅠ)的导带和价带的能级,因此当 SCⅠ和 SnO_2(SCⅡ)复合时,电子可以向低能级的导带方向转移,空穴能够朝高能级的价带方向转移。借助电荷的转移机制,光生载流子被有效分离,因而表现出了更具有优势的光催化性能[87]。

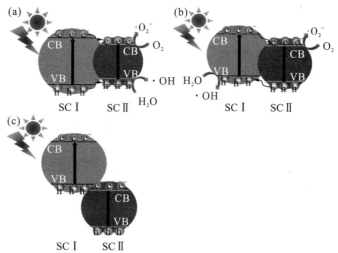

图 1.10 三类半导体异质结能带结构示意图:(a) Type-Ⅰ,(b) Type-Ⅱ,(c) Type-Ⅲ

在 Type-Ⅱ基础上构建的 p-n 异质结具有内建电场(图 1.11),可进一步优化复合材料的光催化活性。由于 p 型半导体和 n 型半导体两者与本征半导体的电子密度不同,且两者的费米能级(E_{FP})与禁带中心的相对位置[88]也不相同,使得两者之间存在着能级差,如图 1.11(a)所示。

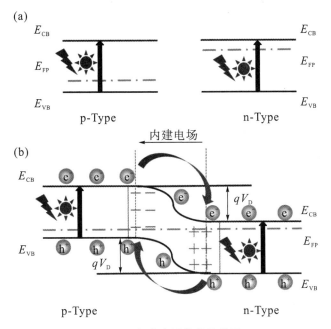

图 1.11 复合半导体的能带图:
(a) p、n 两种不同类型的半导体接触前各自的价带、导带以及费米能级位置;
(b) 接触后内建电场促进光生载流子的分离机理

当两者组合成 p-n 异质结时,电子将从电子密度较高的 n 型半导体向电子密度较低的 p 型半导体迁移,空穴则从电子密度较低的 p 型半导体向电子密度较高的 n 型半导体迁移,直到 p 型半导体和 n 型半导体两者的费米能级达到平衡。电荷迁移后在异质结处形成了一个空间电荷区,异质结两侧的电荷分布呈现为非均态。其中在 n 型半导体一边形成正电荷区,而在 p 型半导体一边形成负电荷,这样最终在 p-n 异质结的附近建立起了一个从"n→p"的内建电场,如图 1.11(b)所示,该电场的建立能够进一步提升光生载流子的分离率[89-90]。

依据这一原理,刘玲梅[91]利用 SnO_2 纳米颗粒修饰 Cu_2O 纳米颗粒得到了 SnO_2-Cu_2O 异质结,吴惠中[92]合成了 $BiOBr/SnO_2$ 异质结,他们均通过实验证明了在内建电场作用下,SnO_2-Cu_2O 异质结和 $BiOBr/SnO_2$ 异质结均能够实现对光生载流子的有效分离。光照前,SnO_2 中的电荷先迁移到 Cu_2O 或 $BiOBr$ 中,在异质结界面处形成内建电场;光照时,SnO_2 与 Cu_2O,SnO_2 与 $BiOBr$ 均被同时激发,光生电子从 Cu_2O 或 $BiOBr$ 的导带飘移至 SnO_2 的导带,在内建电场的影响下,光生载流子迁移速率得到提高,复合概率进一步下降。因此在可见光照射下，SnO_2-Cu_2O 异质结对金黄色葡萄球菌显示出优异的杀菌性能，BiOBr/SnO_2 异质结在光催化去除 NO 的实验中也显示出突出的光催化活性和良好的可重复利用特性。在其他人的工作中，该结论也得到进一步验证[93]。

尽管基于 SnO_2 构建出的一些异质结能有效提升其光催化性能，但由于光生载流子的分离与转移特性，通常氧化和还原过程均发生在电位更低的半导体上，这会影响异质结对 SnO_2 光催化性能的提升效果。鉴于此，研究人员从植物光合作用发生的原理切入开始探索具有新结构的光催化剂。狭山（Sayama）[94]引入了电子受体/电子给体对（A：电子受体；D：电子给体），提出了 Z 型光催化系统（Z-Scheme），如图 1.12（a）所示。为拓宽 Z 型光催化系统的应用领域，多田（Tada）[95]提出了由固体电子介体（C）替换 A/D 对的新型光催化剂，即 "半导体（SC Ⅰ）+固体电子介体（C）+半导体（SC Ⅱ）" 的全固态 Z 型催化剂。在欧姆接触作用下，Z 型光催化系统中电子的转移距离得到进一步缩短，如图 1.12（b）所示。

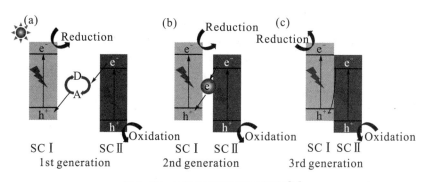

图 1.12　Z 型光催化反应机理图[84]
（a）第一代液相 Z 型光催化系统；（b）第二代全固态 Z 型光催化系统；
（c）第三代直接 Z 型光催化系统

基于上述机理，李大光[96]利用碳量子点（CDs）改性 g-C_3N_4/SnO_2 制备了 Z 型异质结光催化剂 CDs/g-C_3N_4/SnO_2。实验表明，CDs 具有独特的上转换光致发光性质、有效的电荷分离能力、较大的比表面积。当 CDs 负载量为 0.5% 时，制备的 CDs/g-C_3N_4/SnO_2 光催化剂在可见光下对吲哚美辛（IDM）的降解率得到极大提升，比原 g-C_3N_4 的降解率高出了约 6 倍。此外，随着 A/D 对的消失，反向反应得到了很好的避免。为降低溶液的 pH 等条件对光催化活性的影响，2006 年和 2011 年，弘明（Hiroaki）[95]、工藤（Kudo）[97]分别用贵金属（Au[98]，Ag[99]）和碳材料（CQDs[100]，rGO[101]）等固体传输介质替换电子介体,先后制备出无电子介体的全固态光催化剂,从而开创了第二代全固态 Z 型光催化系统[102]。

如图 1.12(c)所示,为使催化体系不受电子传输中介的束缚,大量无媒介的光催化体系开始被研究[103],从此进入第三代直接 Z 型光催化体系[104]。黄书淑[105]构筑了 $SnO_2/Bi_2Sn_2O_7$ 异质结光催化剂,实验表明,SnO_2 与 $Bi_2Sn_2O_7$ 之间内建电场的存在导致了直接 Z 型电荷转移。光生载流子的高效分离和快速转移有助于提高 $SnO_2/Bi_2Sn_2O_7$ 的光催化性能,$SnO_2/Bi_2Sn_2O_7$ 光催化降解四环素的效率比纯 $Bi_2Sn_2O_7$ 和纯 SnO_2 分别提升了 1.4 倍和 12.5 倍。艾哈迈德(Ahmed)[106]研究了以泊洛沙姆(Pluronic)为模板剂,通过化学法制备了直接 Z 型 $AgIO_4/SnO_2$ 异质结催化剂。在该异质结的作用下,光生电荷按照直接 Z 型的路径迁移,不仅使得光生载流子难以进行复合,而且使得其氧化和还原能力得到了进一步增强。合成的异质结在以甲醇为清除剂的光催化体系中,其制氢量得到显著提升,而且在连续 5 个循环后仍保持 85% 的光催化活性。直接 Z 型光催化剂具有捕光能力强、还原活性中心和氧化活性中心空间分离、氧化还原能力强等优点,能提高光催化活性,但是对于这种直接 Z 型光催化体系的机理仍在研究当中。

2. SnO_2/贵金属异质结

近年来,利用 Au、Ag、Pt 和 Pd 等贵金属[107-108]与半导体材料电子亲和能的差异,越来越多的由可见光驱动的,采用金属修饰的半导体复合材料被制备成功。SnO_2 也是其中被重点关注的半导体材料之一。巴图拉(Bathula)[109]采用溶剂热法制备了金纳米粒子(NP)/SnO_2 量子点(SQD)的纳米复合光催化剂,用室温下可见光降解罗丹明 B(RHB)的方法对该复合材料的光催化活性进行了实验。研究表明,Au/SQD 光催化剂对 RHB 的降解速率高于纯 SnO_2 量子点。这是由于贵金属 Au 与 SnO_2 半导体接触前,Au 的费米能级相对较低。当二者接触后,Au 充当电子受体,电子从 SnO_2 转移到 Au 上,这种单向的迁移造成了电子聚集在金属侧,使其带负电,相对而言,SnO_2 侧的电子被耗尽,形成肖特基势垒(Schottky barrier)以限制电子的迁移[110-111]。光照射时,随着半导体费米能级的不断提高,Au 表面会汇集从 SnO_2 导带中逐渐转移过来的电子,从而实现载流子的分离,有效抑制载流子复合。当电子汇集在 Au 一侧时,SnO_2 价带上同时保留了具有强氧化能力的空穴,最终复合材料将表现出更佳的光催化性能[112-113]。此外,在肖特基结作用下,汇集在 Au 一侧的电子,可将吸附在 Au 表面的 H^+ 或 O_2 进行还原,从而使有机污染物迅速氧化从而被降解成自由基。

此外，当 SnO_2 与 Ag 这一类金属接触时，能够产生表面等离子体共振效应，即 SPR 效应。穆罕默德（Mohammad）[114]合成了 $Ag@SnO_2$-g-C_3N_4 纳米结构（NSs），由于 Ag 的 SPR 态能级高于 SnO_2 的导带，电子从 Ag 转移到 SnO_2-g-C_3N_4 中，有助于光生载流子的分离。此外，在 SPR 效应下，Ag 可以形成一个强大的局部表面电场，极大地激发周围的 SnO_2 半导体产生更多的光生电荷，从而提升光生载流子的利用率。因此合成 $Ag@SnO_2$-g-C_3N_4s 用于可见光催化降解 MB、刚果红（CR）和罗丹明 B（RHB）的研究表明，MB、CR 和 RHB 依次在光催化降解 90 min、60 min 和 240 min 内完全降解，其机理如图 1.13 所示。

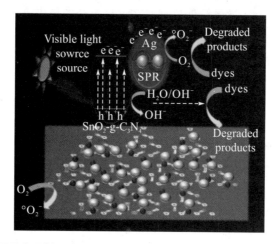

图 1.13　可见光照射下的 $Ag@SnO_2$-g-C_3N_4 光催化降解有机染料的机理[114]

肖尔（Shoreh）[115]采用两步沉淀法制备了 SnO_2-Ag/$MgFe_2O_4$ 纳米复合光催化材料。将 SnO_2-Ag/$MgFe_2O_4$ 和 $MgFe_2O_4$/SnO_2 对比发现，添加 Ag 的 SnO_2-Ag/$MgFe_2O_4$ 抑制了载流子的复合，进而提高了复合材料光催化降解效率。此外，巴布（Babu）[116]通过水热法制备了不同 Ag 负载量的 Ag-SnO_2，发现随着 Ag 负载量的增加，Ag-SnO_2 量子点等离子体光催化剂的带隙从 3.02 eV 降低到 2.54 eV，实现了对可见光的响应。同时在 SPR 效应下，其谱带在可见光区发生蓝移，并且 Ag-SnO_2 量子点复合材料的光致发光强度低于原始 SnO_2，进一步说明光生载流子被成功分离。当 Ag 的负载量为 5％时，能够显著提高 Ag-SnO_2 的光催化性能。Ag-SnO_2 在可见光催化降解 RHB 实验中，当该体系暴露在可见光下 180 min 后 RHB 几乎被完全降解。

3. SnO_2/碳材料异质结

碳纳米管（CNT）[117]、石墨烯（GO）[118]和还原氧化石墨烯（rGO）[119]等材料与半导体组成的异质结,被称为类肖特基结[120]。该类异质结具有与肖特基结类似的功能,可以有效分离光生载流子,从而达到提升复合材料光催化性能的目的[121-122],因此 SnO_2/碳族材料的组合也受到广泛关注。Wu[123]和 Bao[124]制备了 SnO_2/g-C_3N_4 异质结,由于 g-C_3N_4 的 CB 电势比 SnO_2 的 CB 电势更负,光生电子会朝着低电势的方向移动,因此对光生载流子的分离起到了重要作用。SnO_2/g-C_3N_4 异质结显示出比 g-C_3N_4 更优异的可见光催化性能。实验和计算结果均表明[125],在 SnO_2/g-C_3N_4 纳米片(CNNSs)异质结的接触界面上建立了内建电场,有助于促进电荷分离。通过模拟可见光催化降解 RHB 对 SnO_2/g-C_3N_4 异质结、SnO_2 和 g-C_3N_4 纳米片的光催化性能进行表征发现,当光催化降解 50 min 后,SnO_2/g-C_3N_4 异质结对 RHB 的降解率达 96.9%,分别是 SnO_2 和 g-C_3N_4 的 32.3 倍和 1.5 倍。洪晓东[126]以模板法制备了亲水性大孔的 SnO_2/还原氧化石墨烯(SnO_2/rGO-HM)异质结。由于该异质结不仅具有良好的导电性,而且增加了与反应物的接触面积,提供了大量的吸附位点,因此与普通 SnO_2/rGO、纯 SnO_2 和工业 TiO_2 光催化剂(P25)相比,SnO_2/rGO-HM 的光催化性能优势更加明显。同理,由于 CNTs 能有效抑制载流子复合,有利于反应物和产物的传质,制备的 SnO_2-CNTs 纳米复合材料的光催化性能,比纯 SnO_2 和商用 P25 的光催化性能优势更加明显[127]。

4. SnO_2 基多组分异质结

相较单一组分的异质结构,由多重催化剂组成的多组分异质结材料的光催化性能优势显著[128-129]。由于多组分异质结的存在,不仅使得光生电荷分离的速度加快、传输的效率提升[130-131],而且能够达到产生更多光生载流子的目的[132-133]。图 1.14 为多组分异质结材料的能带结构示意图。阿布德萨利姆(Abdessalem)[134]采用溶胶-凝胶法制备了 SnO_2-ZnO-$ZnWO_4$ 纳米复合材料。当该复合材料受到光激发后,SnO_2 的导带与 $ZnWO_4$ 的导带中汇集了来自 ZnO 导带中的光生电子,而 ZnO 的价带中则汇集了来自 SnO_2 的价带与 $ZnWO_4$ 的价带中的光生空穴,使得 SnO_2-ZnO-$ZnWO_4$ 纳米复合材料的光催化性能得到提升。戈马里(Gomari)[7]采用水热法制备了羟基锡酸锌/二氧化锡/还原氧化石墨烯[$ZnSn(OH)_6$/SnO_2/rGO]三元纳米复合材料。该材料中电子阶梯式的传递使得光生电荷具有较好的转移能力,同时该材料提供了比纯样品更多的反应活性位点,因此 $ZnSn(OH)_6$/SnO_2/rGO 表现出更高的光催化活性。奥贾(Ojha)[8]制备的 Cu_2O/SnS_2/SnO_2 异质结构中,各组分之间接触紧密、相互作用,与 SnS_2/SnO_2 相比,具有更加良好的光还原性能和稳定性。

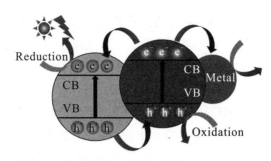

图1.14 多组分异质结材料的能带结构示意

1.3 硒化锡（SnSe）及其光催化材料研究进展

Ⅳ～Ⅵ主族半导体材料由于具有较窄的带隙（$E_g=1.0\sim2.0$ eV）、可吸收大部分的可见光、良好的耐腐蚀性、优良的电化学稳定性以及含量丰富、环境友好、易制备等特点，在光催化降解污染物领域[135]、传感领域[136-137]、能源存储和能源转换领域[138-139]等方面受到了密切关注[140]。Ⅳ～Ⅵ主族半导体材料可分为 MX 和 MX_2 两类，M 为Ⅳ族金属元素：Ge、Sn、Pb；X 为Ⅵ族元素：S、Se、Te。MX 型半导体主要有 GeS[141]、GeSe[142]、SnS[143]、SnSe[144]、SnTe[145]、PbS[146]等；MX_2 型半导体主要有 GeS_2[147]、$GeSe_2$[148]、$SnSe_2$[149]、SnS_2[150]等。

Sn 元素和 Se 元素形成的层状材料与其他Ⅳ～Ⅵ族化合化物类似，层与层之间在范德瓦尔斯力的作用下相互连接，在平行于二维平面的方向存在结合力很强的化学键。因化学配比不同，这类材料包含多种相结构，其中比较受关注的是六角晶系的二硒化锡（$SnSe_2$）和正交晶系的硒化锡（SnSe）。SnSe 是一种窄禁带直接带隙半导体[151]，拥有作为太阳能电池使用的理想的能带间隙（$E_g=0.9\sim1.8$ eV）[152]。同时，SnSe 还具备载流子易迁移和能带结构易调控的特点，这使得 SnSe 在太阳能电池领域成为关注的焦点。

由于层状结构的 SnSe 具有理想的带隙值、较高的比表面积和较大的光吸收系数（$\sim10^5$ cm^{-1}），因此也是形成异质结结构的理想材料。通过调节 SnSe 层数可以使材料在 Type-Ⅰ型和 Type-Ⅱ型中转换[153]，因此利用 SnSe 的结构特点构造能带适配的异质结结构，可以进一步提升材料的光催化和光电性能[154]。例如，基于 SnSe 构造的 Type-Ⅱ 异质结 $LaSmTiZrO_7$-SnSe[155]和 SnSe/rGO[156]纳米复合材料，其光催化和光学性能均高于单相 SnSe 纳米结构。优异的光催化效果可归因于 $LaSmTiZrO_7$ 与 SnSe、rGO 与 SnSe 之间的协同效应。该效应促进了光生载流子在 LaSmTiZrO$_7$-SnSe、SnSe/rGO 界面上的电荷迁移,从而对污染物的光催化降解起着非常好的作用。此外,异质结界面处的内建电场可以促进界面电荷转移,进一步提高载流子寿命。例如,p-SnSe/n-Si 异质结太阳能电池具有较好的整流效果[157],用 SnSe 单晶纳米粒子(NPs)构建的 SnSe/g-C$_3$N$_4$ 纳米复合材料具有高效可见光催化性能[158],在模拟阳光照射下,SnSe/g-C$_3$N$_4$ 光催化产氢的速度是纯 g-C$_3$N$_4$ 光催化产氢速率的 1.8 倍[159]。此外,SnSe 的形貌和能带结构也对其光催化性能有显著影响。例如,纳米柱形 SnSe 显示出了较好的光电性质[160]。掺硫 SnSe(S-SnSe)/GO 和掺硫 SnSe/S-GO 纳米复合材料的可见光催化活性相比,SnSe/S-GO 纳米复合材料拥有更高的光催化活性[161]。

近年来,探索构筑并合成高效能的 SnO$_2$/SnSe 纳米复合材料光催化剂也成为催化领域的研究热点之一[162-163]。Li[164]成功制备出新型光热光催化双功能核壳复合材料 SnSe@SnO$_2$,并提出该材料为能量转换、催化和光热应用的双功能复合材料提供了方便和新颖的策略。马里穆图(Marimuthu)[165]比较了 SnO$_2$、SnSe、CNTs-SnO$_2$、SnO$_2$/SnSe 与 CNTs-SnO$_2$/SnSe 在可见光照射下 60 min 内对水性有机染料污染物的光催化降解性能,发现 CNTs 骨架有利于电子转移,CNTs-SnO$_2$/SnSe 的带隙匹配有利于载流子的分离,能有效抑制载流子的复合;CNTs-SnO$_2$/SnSe 独特的纳米结构使其具有较高的比表面积,其光催化降解有机物的光催化性能显著高于其他材料。到目前为止,在光催化污染物降解和裂解水领域,将 SnSe 与半导体材料进行复合的策略已经被证实是一种可行且有效的策略。

1.4 本书立题依据及研究内容

综上可知,SnO$_2$ 是一种有前景的光催化材料,在一定条件,而 SnO$_2$ 可以与中间相 Sn$_3$O$_4$ 相互转化[72],Sn$_3$O$_4$ 在光催化领域表现出较好的性能。SnSe 基异质结在可见光范围具有优异的光催化性能,用 SnSe 对 SnO$_2$(Sn$_3$O$_4$)进行表面改性有助于减小禁带宽度,提高其在可见光区的光催化性能。因为 SnSe 与 SnO$_2$(Sn$_3$O$_4$)的电负性不一样,所以能引发一个有效势场,进一步促进电荷分离和电荷转移。通过 SnSe 与 SnO$_2$(Sn$_3$O$_4$)耦合有可能构建出一种高性能的可见光催化材料,对光催化材料的发展具有重要意义。

本书以 Sn$_3$O$_4$、SnO$_2$ 和 SnSe 为研究对象,通过调控制备花状结构,引入表面氧空位,构筑微纳尺度的 p-n 异质结、核壳结构异质结和多组分异质结结构，提高材料对光生载流子的分离效率，增加对光子的利用率，以改善材料的光催化活性。同时还探究了不同异质结结构的形成机理，分析了不同异质结结构复合材料的形貌结构、光响应能力、光生载流子分离与传输路径等因素与其光催化活性之间的关系，揭示了不同异质结结构复合材料光催化降解的反应机理。本书的主要研究内容如下。

（1）花状 Sn_3O_4 粉体半导体光催化材料的水热法制备及光催化性能研究。借助 X 射线衍射（XRD）、X 射线光电子能谱（XPS）、扫描电子显微镜（SEM）、透射电子显微镜（TEM）等手段，研究不同制备条件对目标产物（花状 Sn_3O_4）晶体结构、价电子特性和表面形貌的影响；通过考察样品在可见光催化下对亚甲基蓝（MB）水溶液的单次降解和 4 次循环降解的效果，以评价样品的光催化活性和可重复使用特性，并对 MB 降解过程的机理进行分析。

（2）以 Sn_3O_4 为前驱材料的 $SnSe_2/SnO_2$ 和 $SnSe/SnO_2$ 异质结复合材料的坩埚硒化法制备。表征分析了 $SnSe_2/SnO_2$ 和 $SnSe/SnO_2$ 异质结的物相结构及微观组织变化规律；借助 XPS、紫外可见吸收光谱（UV-Vis）和电化学阻抗谱（EIS），分析探讨了 $SnSe_2/SnO_2$ 和 $SnSe/SnO_2$ 异质结的化学价态、光吸收性能及光生载流子的迁移路径；通过使用 $SnSe_2/SnO_2$ 和 $SnSe/SnO$ 复合材料对 MB 水溶液进行光催化降解，分析讨论了 $SnSe_2/SnO_2$ 和 $SnSe/SnO_2$ 异质结的载流子分离、迁移路径与光催化活性的关系；通过活性物种捕获试验，探索了 $SnSe/SnO_2$ 异质结光催化降解 MB 的机理。

（3）表面氧空位的核壳型异质结 $SnSe-NSs/SnO_2-NPs$ 光催化材料的"三步法"制备。采用溶剂热法制备花状 SnSe 前驱体以及低温原位氧化法制备花状核壳型异质结 $SnSe-NSs/SnO_2-NPs$ 光催化材料，并通过控制氧化和脱氧处理的方法，实现对壳层厚度、壳层中氧空位的有效调控；通过 XRD、XPS、SEM、TEM 对含表面氧空位的核壳型异质结 $SnSe-NSs/SnO_2-NPs$ 的物相组成、元素价态、形貌结构进行了表征分析；借助 UV-Vis、EIS、光致发光光谱（PL）和电子顺磁共振（EPR），分析并讨论了含表面氧空位的核壳型异质结 $SnSe-NSs/SnO_2-NPs$ 的光吸收性能、光生载流子的迁移性能以及壳层中氧空含量；利用可见光催化降解 MB 实验、循环实验、自由基捕获实验对含表面氧空位的核壳型异质结 $SnSe-NSs/SnO_2-NPs$ 光生载流子的传输机理、光催化活性增强机制及其光催化降解有机物的机理进行了分析。

（4）多组分异质结 $SnSe/SnO_2$@rGO 光催化复合材料的制备。基于上述实验研究，采用与氧化石墨烯复合的方法，探索构建多组分异质结 $SnSe/SnO_2$

@rGO 材料；通过 XRD、XPS、SEM、TEM 等表征手段，分析多组分异质结 SnSe/SnO_2@rGO 的物相组成、化学价态和形貌结构；通过 UV-Vis、EIS 等分析手段，讨论多组分异质结 SnSe/SnO_2@rGO 的光吸收性能、载流子分离与迁移性能；通过可见光催化亚甲基蓝溶液的试验，探索多组分异质结 SnSe/SnO_2@rGO 的光催化活性，同时与先前的试验结果进行对比分析；探索多组分异质结 SnSe/SnO_2@rGO 光生电子和空穴的分离和传输机制及其可见光催化降解有机物的机理。

2 样品制备及表征方法

2.1 样品制备方法及实验试剂

本书采用了不同的方法制备文中涉及的光催化材料,为了便于陈述,不同材料具体的制备方法在各章节中进行阐述。此处只对相关方法进行简要介绍。

2.1.1 水热或溶剂热法

以水为反应介质,在高温、高压的封闭环境中,通过控制反应体系的温度(100~1000 ℃)和压力(1~100 MPa),并利用体系的化学反应来合成或处理材料的方法称为水热法。

溶剂热法的反应条件与反应参数等均与水热法类似,不同的是以有机物或非水溶媒替代水为反应介质进行化学反应。

实验以硫酸亚锡、柠檬酸钠、氢氧化钠为溶质,乙醇去离子水的混合物为反应媒介,采用水热法合成花状 Sn_3O_4。

实验以硒粉、氢氧化钠和二氯化锡为溶质,乙二醇、水合肼和去离子水的混合物为反应媒介,采用溶剂热法合成花状 SnSe。

2.1.2 坩埚硒化法

实验采用坩埚硒化法制备 $SnSe/SnO_2$,$SnO_2/SnSe@rGO$。即先将硒粉依次与目标材料(Sn_3O_4、$Sn_3O_4@GO$)按照一定顺序装至坩埚内,再将此坩埚放在管式炉中,于指定温度下,让硒粉与目标材料充分反应。

2.1.3 热氧化法

热氧化法是直接在空气中加热氧化金属或化合物等材料,在其表面生长或者沉积出相应的氧化物微纳尺度结构的方法。此法不仅具有气-固反应(gas-solid reaction)[166]的特点,而且具有成本低廉、工艺设备简单、生长温度可控和适用于不同基体等优点。本实验在 140 ℃下采用热氧化法氧化 SnSe，成功制备出核壳结构的 SnO_2/SnSe 光催化复合材料。

2.1.4 氩气气氛脱氧法

在惰性气氛（He、N_2、Ar）环境中，脱氧处理温度的高低与氧空位的产生及其浓度的大小有着密切关系[167-168]。由克罗格－文克（Kröger-Vink）表示法可知，当处于高温环境下，晶格氧（O_L）与氧空位（O_V）存在如下的平衡关系：

$$O_L \rightleftharpoons O_V + \frac{1}{2} O_L(g) + 2e^-$$

该反应的平衡常数 K 可以表示为

$$K = [O_V] n^2 p(O_2)^{1/2} \qquad (2-1)$$

上式可以变形为

$$[O_V] = K n^{-2} p(O_2)^{-\frac{1}{2}} \qquad (2-3)$$

式中，$p(O_2)$ 氧分压。

本实验采用在氩气气氛下，通过不同的脱氧处理温度调控核壳结构 SnO_2/SnSe 中壳层的表面氧空位含量，构筑表面氧空位核壳结构异质结光催化复合材料。

2.1.5 主要试剂与设备

本书实验所用试剂与材料见表 2.1。制备样品所用的仪器和设备见表 2.2。

表 2.1 实验试剂和材料

名称	原料规格	生产厂家
硫酸亚锡	分析纯	成都科隆化学品有限公司
柠檬酸钠	分析纯	成都科隆化学品有限公司
氢氧化钠	分析纯	成都科隆化学品有限公司
硒粉	分析纯	成都科隆化学品有限公司
无水乙醇	分析纯	成都科隆化学品有限公司
三乙醇胺（TEOA）	分析纯	成都科隆化学品有限公司
异丙醇（IPA）	分析纯	成都科隆化学品有限公司
对苯醌（BQ）	分析纯	成都科隆化学品有限公司

续表

名称	原料规格	生产厂家
二氯化锡	分析纯	成都科隆化学品有限公司
水合肼	分析纯	成都科隆化学品有限公司
石墨粉	分析纯	成都科隆化学品有限公司
十六烷基三甲基溴化铵（CTAB）	分析纯	成都科隆化学品有限公司
盐酸	分析纯	成都科隆化学品有限公司
硝酸	分析纯	成都科隆化学品有限公司
硫酸	分析纯	成都科隆化学品有限公司
高锰酸钾	分析纯	成都科隆化学品有限公司
亚甲基蓝（MB）	分析纯	成都科隆化学品有限公司
过氧化氢	分析纯	成都科隆化学品有限公司

表 2.2 实验仪器和设备

名称	型号	生产厂家
水热反应釜	KH 型	巩义市予华仪器有限责任公司
电子天平	FA2004 型（0.1 mg）	上海越平科学仪器有限公司
真空干燥箱	202−00T	上海力辰邦西仪器科技有限公司
管式烧结炉	BTF−1100C−S	安徽贝塞克设备技术有限公司
磁力搅拌器	HJ−4A	江苏科析仪器有限公司
高速离心机	H1−16T	杭州旌斐仪器科技有限公司
数控超声波清洗器	010S	深圳市宝安区钟屋工艺厂
旋片真空泵	2XZ−4 型	台州市博鳌真空设备设备有限公司
微量可调弹道移液器	5～50 mL	上海力辰邦西仪器科技有限公司

2.2 材料的结构表征

2.2.1 X射线衍射分析

本实验使用日本理学Smartlab 9K型X射线衍射仪,将测试的条件设定为:铜(Cu)靶,λ为1.514 Å的$K\alpha$辐射,扫描范围为20°~80°,电压40 kV,电流100 mA。对所制备样品的物相组成和晶体结构等进行X射线衍射(X-ray Diffraction,XRD)表征分析,并采用软件(Jade 6.0)处理分析实验数据。

2.2.2 比表面积分析

在其他条件都一致的前提下,通常在考察和对比不同催化剂的光催化活性时,将比表面积的大小作为一项重要的参考指标。由于氮气(N_2)不仅具有易获取的特点,而且可逆吸附性能也非常突出,因此常采用N_2作为吸附质对样品的比表面积(brunauer-emmett-teller,BET)进行测定。

BET测试计算的基本流程是:先将样品放在充满氮气气氛的常温环境中进行吸附;待催化剂样品表面的物理吸附达到平衡时,再通过测量获得此时的吸附压力、气体吸附量;然后利用获得的数量,代入理论模型中进行计算,即可得到被测样品比表面积的等效值。

假设光催化材料表面吸附一层气体分子,当吸附气体达到平衡时,其比表面积可由式(2-3)求出:

$$S = \frac{V_m}{V_0} N_A A_m \quad (2-3)$$

然而在实际的吸附过程中,气体分子的吸附远不只一层,因此当吸附层趋于无穷时,存在以下关系式(2-4):

$$\frac{P}{V(P_0-P)} = \frac{1}{V_m \times C} + \frac{C-1}{V_m \times C} \cdot \frac{P}{P_0} \quad (2-4)$$

其中,吸附温度下氮气的饱和蒸气压和分压分别由P_0、P表示;催化剂样品表面单层氮气的吸附量、氮气的实际吸附量和气体的摩尔体积分别由V、V_0和V_m表示;催化剂样品吸附能力常数和阿伏加德罗常数(6.02×10^{23})分别由C和N_A代表;吸附的气体分子的截面积由A_m表示。

依据BET方程,在$0.05 < \frac{P}{P_0} < 0.35$范围内,用$\frac{P}{V(P_0-P)}$对$\frac{P}{P_0}$作图,

获得斜率和截距后，根据公式 $V_\mathrm{m} = \dfrac{1}{斜率+截距}$ 计算得到 V_m 值后，再将 V_m 值代入公式（2-3）中计算被测催化剂样品的比表面积 S。

本书采用美国产的自动气体吸附分析仪（型号为 American Quanta，ASIQ-C）对样品的比表面积进行表征。测试条件为：在 100 ℃ 的真空状态下排气 4 小时。

2.2.3 形貌及精细结构分析

样品的形貌分析和组成测定采用扫描电子显微镜和透射电子显微镜进行。

实验采用型号为 Quanta FEG 250G 的场发射扫描电子显微镜（FSEM）观察样品形貌，通过附带的 X 射线能谱仪（EDS）测定样品的元素组成。测试时，设备的工作条件设定为：电流 2 mA，电压 20 kV。

实验采用 JEOL JEM-2100 F 型透射电子显微镜（TEM）对测试样品的精细结构进行分析。测试步骤为：①添加少量无水乙醇在合成的粉末样品中形成混合物；②以超声分散的方式对该混合物进行分散 30 min；③取少许液滴，分散在铜网支撑的碳膜上，待烘干后观察。观察时在电子束加速电压为 100 kV 的条件下进行。通过 Digital Micrograph 软件对样品的高分辨图像进行分析。

2.2.4 表面和界面结构分析

X 射线光电子能谱（XPS）分析的基本原理是：当催化剂样品受到 X 射线辐射时，原子的内层电子吸收能量后电离产生光电子，通过探讨光电子的强度（intensity）与动能（binding energy）的关系，定性分析样品中元素的种类以及对应的化合价。

本实验设定的测试条件为：采用 Mg Kα 射线，电压 15 kV，功率 300 W。对所获结果使用光谱分析拟合软件（Peakfit）进行分析，分析过程中其他元素的特征峰应根据 C 1s 特征峰（284.8 eV）的结合能值进行校正。

光催化剂的晶格缺陷、氧空位等结构均与未成对电子数有着密切关系。为了能够定性分析材料的氧空位结构，本实验采用德国布鲁克（BRUKER）公司生产的 A300 电子顺磁共振波谱（EPR）仪对样品中的未成对电子进行表征。实验的测试条件设定为：温度为 25 ℃，微波频率和调制频率分别设置为 9.61 GHz 和 100 kHz，中心磁场和扫场宽度分别设定为 3420 G 和 6000 G。

2.3 材料的光学特性分析

2.3.1 吸收光谱分析

衡量光催化材料催化活性的一个重要指标是光学吸收性能,通过库贝尔卡－蒙克(Kubelka-Munk)方程式将测试样品的 UV－Vis 漫反射光谱转化为等价的吸收光谱[172-173],并根据公式(2-6)计算半导体禁带宽度 E_g:

$$\alpha h v = A (h v - E_g)^n \tag{2-6}$$

式中,参数 α、h、v 以及 A 分别代表光吸收系数、普朗克常数、光子频率以及比例常数;n 的值与半导体材料及跃迁类型相关:当被测材料为直接带隙半导体时,对应直接跃迁形式,此时 $n=1/2$;当被测材料为间接带隙半导体,对应间接跃迁形式,此时 $n=2$。

样品的反射光谱通过紫外－可见光谱仪(型号为 Hitachi UV-3150)测量。测试条件为:参比样采用 $BaSO_4$ 试块,扫描波长为 300~800 nm,扫描速度为 300 nm/min。

2.3.2 光致发光谱分析

光致发光(photoluminescence, PL)是指电子吸收光子能量被激发跃迁至高能级的激发态后,由高能级激发态返回低能级时并释放出光子的过程。本实验采用的光源为 450 W 的氙灯,同时配以 UV－Vis 单色器,以波长为 320 nm 的激光束作为激发源,将扫描波长范围设定为 300~600 nm 对样品进行光致发光的性能测试。测试系统为 FLS1000 光谱仪。

2.4 材料的电荷分离性能分析

电化学阻抗谱(electrochemical impedance spectroscopy, EIS)是通过向电解池施加一个小振幅交流电位或电流的扰动信号,利用该信号研究反应电极与信号之间变化的关系。

实验在电化学工作站(型号为 ParStat 4000)上对样品进行 EIS 分析,用电化学阻抗分析软件(Zview)对实验数据进行拟合分析。在进行 EIS 分析测试时,将制备的样品、Pt 片和 Ag/AgCl(饱和 KCl 溶液)分别作为工作电极、对电极和参比电极,配置 0.1 mol/L Na_2SO_4 溶液为电解质溶液。测试条件：频率范围为 0.01~1×10^6 Hz，交流信号幅度为 10 mV。此外，按照以下过程制备工作电极：

（1）玻碳片的清洗：制作规格为 10 mm×20 mm×2 mm 的玻碳片，将其先放置在盛有丙酮的烧杯中清洗其表面污渍，之后再放入无水乙醇中去油渍，最后放入去离子水中去除其他杂质。清洗机为功率 600 W 的超声清洗机，清洗时间为 30 min。清洗后的玻碳片需在去离子水液中保存，以保证其后续使用的清洁度。

（2）电极的制备：将 15 mg 目标催化材料样品分散于 40 μL 松油醇和 20 μL 无水乙醇中。研磨 30 min 后，采用刮涂法将催化剂涂覆在玻碳片表面形成薄膜，并于 30 ℃左右温度下静置干燥 72 h 后作为工作电极。

2.5　材料的光催化活性分析

通过测试不同催化剂对 MB 水溶液的光降解效果，来评价催化剂的光催化活性和稳定性。

实验步骤：①将 0.1 g 样品分散于 20 mL 亚甲基蓝水溶液（10 mg/L）中；②将分散后所得的悬浮液于黑暗状态下静置 6 h，以达到催化剂、MB 和水之间的吸附—解吸平衡；③使用功率为 40 W，波长为 400~830 nm 的 LED 灯作为光源，照射上述达到吸附平衡的悬浮液，在光照过程中，每间隔 10 min 取出 10 mL 试样；④采用蒸馏水作为参比介质，用紫外-可见光分光光度计测量试样在波长 664 nm 处的吸收光谱强度，以监测 MB 的光降解过程。

此外，在可见光照射下，通过测量催化剂连续 4 个循环降解 MB 的水溶液的效率，以评估样品可重复利用的稳定性。催化剂每经过 1 次光催化反应后，把催化剂经蒸馏水和乙醇离心洗涤若干次后烘干，在保证每次回收样品的重量和催化降解条件一致的前提下，重复进行光催化降解 MB 反应实验，以测定催化剂的降解率，进而推算催化活性的变化。

2.6　材料的活性物种分析

根据半导体光催化机理，通常认为羟基自由基（·OH）是主要的活性物种，·OH 通过抽取、加成 C—H 键中的 H 原子对有机物进行分解。但有研究发现当一些水溶液中不存在碳氢化合物时，溶液中的部分有机物同样被降解了，因此提出了空穴（h$^+$）直接参与光催化反应进行有机物降解的机理[169]。

此外，超氧自由基（·O_2^-）在不同的环境下对光催化氧化反应的反应速率有不同的作用。当·O_2^-质子化后，根据系统中的·OH含量，·O_2^-既可以转变为·OH以加速光催化反应的进行，也可以与·OH反应，降低光催化反应速率。

为确定不同催化剂的光催化反应机理和光生载流子的迁移路径，就需要判断光催化反应是通过空穴直接氧化进行还是通过自由基起作用。因此，探讨光催化降解有机物的反应机理是非常具有意义的。实验用对苯醌（BQ）、三乙醇胺（TEOA）、异丙醇（IPA）3种物质分别对·O_2^-、h^+和·OH进行捕获[170]。具体实验流程如下：称量4组0.1 g的样品分散于20 mL亚甲基蓝水溶液（10 mg/L）中，将所得悬浮液置于黑暗状态中6小时，以建立产物、有机染料和水之间的吸附—解吸平衡。将其中3组分别加入0.001 mol/L BQ、TEOA和IPA，然后按照光催化活性分析的步骤进行分析。采用蒸馏水为参比介质，用紫外-可见光分光光度计测量试样在波长在664 nm处的吸收光谱强度，以监测MB的光降解过程。

3 花状 Sn_3O_4 的水热法制备及性能研究

SnO_2 和 SnO 是氧化锡常见的两种形式，它们因为具有良好的光电性质而得到广泛应用。研究人员注意到，当 Sn 原子与 O 原子的比例发生变化时，存在非整数化学计量比的中间锡氧化物 SnO_{2-x}（$0<x<1$），如 Sn_3O_4[171]、Sn_2O_3[172] 和 Sn_5O_6[173]。由于 Sn 原子在不同化合物里呈现的价态不同，锡氧化物的电子结构也会发生改变，所以其物理化学性能也随之变化[174-175]。其中混合价态的 Sn_3O_4 具有较窄的带隙（2.5~2.9 eV），对紫外光和可见光都能有效吸收[176]，因此 Sn_3O_4 被成功用于可见光催化降解甲基橙[177]、罗丹明 B[178] 和亚甲基蓝[179] 等有机污染物。

半导体光催化材料的性能不仅与其化学组成有关，而且与材料的表面形貌也密切相关[180]。研究表明，对于纳米结构光催化材料，其光生载流子飘移到表面活性点位的转移距离更短，这有助于加快光生载流子转移速度和分离效率，从而增大对有机染料的光催化降解率[38,181]。基于此理论，各种不同形貌结构的纳米 SnO_2 光催化材料被设计和制备出来，如 SnO_2 的纳米颗粒[182]、纳米花[39]、纳米带[183]、纳米棒[184] 等。其中花状结构拥有的高比表面积不仅有助于提高其吸收光子的能力[185]，而且也有利于延长光生载流子的寿命[186-187]，能提升反应产物的光催化性能，因此被广泛地应用于光催化降解污染物领域[188-189]。

本章采用水热法制备由纳米片自组装而成的花状 Sn_3O_4，研究了工艺参数和柠檬酸钠含量对花状 Sn_3O_4 形貌的影响规律。同时对花状 Sn_3O_4 的结构特征和光催化降解亚甲基蓝（MB）的性能进行了研究，对光催化反应的降解机理进行了讨论。

3.1 样品制备

花状 Sn_3O_4 水热自组装合成实验过程如下：按照体积比 1∶9 配置乙醇与去离子水的混合溶液，然后向烧杯 A 与烧杯 B 各注入 40 mL 的混合溶液。将硫酸亚锡（0.005 mol/L）和一定比例的柠檬酸钠混合后添加至烧杯 A 中，通过磁力搅拌混合物至充分溶解后获得溶液 A；同样在磁力搅拌下，将氢氧化钠（0.001 mol/L）添加至烧杯 B 中，待充分溶解后获得溶液 B。随后将溶液 B 缓慢加入溶液 A 中，在室温下磁力搅拌 60 min 后，即可获得 AB 混合溶液。然后量取 80 mL 的混合溶液，并移至 100 mL 大小的高压反应釜中。使用真空干燥箱对封装完成的釜进行加热。待反应结束后，使用高速离心的方式从反应液中收集反应物；同时先后以蒸馏水和无水乙醇作为洗涤剂，采用高速离心的方式洗涤反应物。实验时按照以下参数设置条件：反应温度 120～200 ℃，反应时间 24 h，加热方式为随炉加热，冷却方式为随炉冷却，干燥温度 60 ℃，干燥时间 12 h，洗涤次数 3 次。

3.2 结果与讨论

3.2.1 样品的晶体结构与化学组成

图 3.1 为不同水热温度条件下获得反应物的 XRD 谱图。从图中可以观察到，不同温度下获得的样品具有不同的衍射峰，当反应温度为 120～140 ℃时，样品的衍射峰不明显。当反应温度升高至为 160 ℃时，衍射峰的强度明显增大，峰型变得尖锐，说明样品的结晶度得到提高。同时样品的所有衍射峰均与三斜晶系的 Sn_3O_4（JCPDS：16-0737）的标准物相匹配，且未见其他物相的衍射峰，这表明在 160 ℃下通过水热反应，可获得较纯的 Sn_3O_4。当反应温度分别为 180 ℃和 200 ℃时，从图中可以观察到，除了 Sn_3O_4 外，还存在少量归属于四方相 SnO_2（JCPDS：29-1484）的衍射峰，且随着反应温度的升高，SnO_2 的含量也逐渐增加。

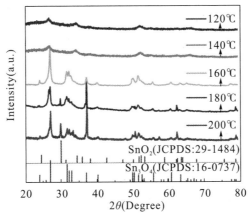

图 3.1 不同水热温度条件下获得反应物的 XRD 谱图

图 3.2 为 160 ℃制备的 Sn_3O_4 的 X 射线光电子能谱（XPS）谱图。在全谱范围中，只检测到 Sn、O、C 元素的特征峰，如图 3.2（a）所示。其中，C 元素可能来自 XPS 仪自身的无定型碳。将 480～500 eV 区域内的 Sn 3d 进行高分辨扫描，结果如图 3.2（b）所示。从图 3.2（b）中可以清晰地观察到 Sn 3d 的特征峰分裂为位于 486.4 eV 和 494.8 eV 处的 $Sn\ 3d_{5/2}$ 和 $Sn\ 3d_{3/2}$ 双峰。利用光谱分析拟合软件（Peakfit）软件将 Sn 3d 双峰进行分峰拟合，其中 $Sn\ 3d_{5/2}$ 可分为处在 486.24 eV 和 486.93 eV 位置的两个高斯峰；$Sn\ 3d_{3/2}$ 可分为处在 494.74 eV 和 495.64 eV 位置的两个高斯峰。在 $Sn\ 3d_{3/2}$ 和 $Sn\ 3d_{5/2}$ 分裂出来的两组高斯峰中，结合能低的高斯峰对应于 Sn^{2+}，结合能相对较高的高斯峰对应于 Sn^{4+}[190]。同时，由 XPS 检测结果经计算后发现 Sn^{2+} 和 Sn^{4+} 对应的高斯峰的面积比约为 2∶1。研究表明，混合价 Sn_3O_4 的晶体结构是由锡原子层和氧原子层交替堆叠而成，其晶体结构同时包含了 SnO 和 SnO_2 的晶胞单元[173]，因此 Sn_3O_4 又可写作 $(Sn^{2+})_2(Sn^{4+})O_4$[175]。结合 XPS 检测结果可知，Sn^{2+} 归属于四面体的 Sn—O 键，而 Sn^{4+} 归属于八面体的 Sn—O 键，因此经过 XPS 分析进一步证实了反应物为 Sn_3O_4。图 3.2（c）展示了 O 1s 的高分辨光谱，采用高斯分峰拟合后，可分为位于 530.28 eV 处的且对应于晶格氧（O_L）的高斯峰，以及位于 531.49 eV 处，对应于缺陷氧（O_V）的高斯峰[191-192]。根据晶格氧与缺陷氧的比例计算，所制备的氧化锡具有较高的缺陷氧，有助于增加表面光催化降解的活性位点数量，从而提高光催化性能。

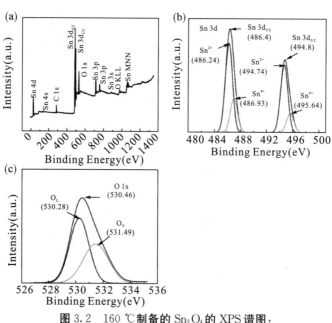

图 3.2 160 ℃制备的 Sn_3O_4 的 XPS 谱图：
（a）XPS 全谱图；（b）Sn 3d 高分辨光谱；（c）O 1s 高分辨光谱

3.2.2 柠檬酸钠对 Sn_3O_4 结晶和形貌的影响

柠檬酸钠为常见的有机酸盐，水解后其带有羟基的阴离子与金属阳离子互相作用能形成络合物，可以控制反应速率的快慢，因此在材料的液相合成中，常常用于对材料的形貌结构研究。图 3.3 是在 160 ℃ 温度下，添加了不同含量的柠檬酸钠（0 mol/L、0.005 mol/L、0.015 mol/L 和 0.025 mol/L）的反应产物的 XRD 谱图，依次将其标记为 Sn_3O_4－0SC、Sn_3O_4－5SC、Sn_3O_4－15SC、Sn_3O_4－25SC。由图可以清晰地观察到，合成样品的 XRD 衍射峰均与三斜晶系 Sn_3O_4 的标准衍射峰（JCPDS：16-0737）相匹配，未见其他衍射峰。当柠檬酸钠含量不超过 0.005 mol/L 时，反应物 XRD 的衍射峰都较弱；但当柠檬酸钠含量大于等于 0.015 mol/L 时，反应物 XRD 的衍射峰较前两种合成样品的强度明显增强，峰形明显更加尖锐。由此结果得出，添加较高含量的柠檬酸钠有助于提升样品的结晶度。

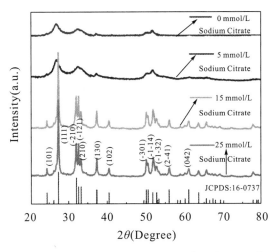

图 3.3 添加不同含量柠檬酸钠反应产物的 XRD 谱图

图 3.4 是添加不同柠檬酸钠含量后反应产物 Sn_3O_4 的 SEM 图。如图 3.4（a）所示，没有柠檬酸钠时，反应物为球形颗粒，尺寸大小为 80～100 nm。随着添加柠檬酸钠含量的增加，产物逐渐呈现花状形貌，且花状形貌的尺寸随柠檬酸钠含量的增加而增大。当柠檬酸钠加入量为 0.025 mol/L 时，产物基本上形成了完整的花状形貌，尺寸约为 2.6 μm，如图 3.4（d）所示。从图中可以看出，花状 Sn_3O_4 由较薄的片状花瓣构成。

图 3.4　添加不同柠檬酸钠含量后反应产物 Sn_3O_4 的 SEM 图：
(a) 0 mol/L，(b) 0.005 mol/L，(c) 0.015 mol/L，(d) 0.025 mol/L

花状 Sn_3O_4 的制备与形成过程如图 3.5 所示。在水解阶段，由于静电相互作用，$SnSO_4$ 的 Sn^{2+} 和 $Na_3C_6H_5O_7$ 的 $C_6H_5O_7^{3-}$ 形成复合前驱体（Sn^{2+}—$C_6H_5O_7^{3-}$）离子对。将 NaOH 添加到上述复合前驱体中时，（Sn^{2+}—$C_6H_5O_7^{3-}$）离子对在碱性环境中立即分解；同时 Sn^{2+} 与 OH^- 反应生成 $Sn(OH)_4^{2-}$，随后 $Sn(OH)_4^{2-}$ 与 OH^- 反应生成 SnO。随着反应进行，溶液中的 SnO 逐渐被氧化成 Sn_3O_4。

根据上述分析可知，当硫酸亚锡和柠檬酸钠按照一定质量比例在 160 ℃ 的水热环境中反应 24 h 后，可以得到花状 Sn_3O_4。其中 $C_6H_5O_7^{3-}$ 与溶液中游离的 Sn^{2+} 浓度的数量，控制着 Sn_3O_4 晶体的成核和生长的过程。当添加的柠檬酸钠含量较少时，形成的（Sn^{2+}—$C_6H_5O_7^{3-}$）离子对少，溶液中游离的 Sn^{2+} 浓度相对较高，短时间内溶液中就会产生大量具有高表面能的小颗粒。这些小颗粒在界面作用力的影响下，会团聚成较大的颗粒，以降低表面能。而添加的柠檬酸钠含量较大时，溶液中游离的 Sn^{2+} 浓度相对较低，大量的（Sn^{2+}—$C_6H_5O_7^{3-}$）离子对会使溶液中的反应速率降低。随着反应的进行，$C_6H_5O_7^{3-}$ 和 Sn^{2+} 组成的络合物逐渐分解，分离出来的 $C_6H_5O_7^{3-}$ 会吸附在 Sn_3O_4 晶核的某一晶面上，阻碍晶体沿着该方向生长[193-194]。因此为了降低定向附着生长过程中系统的表面能，生长的小 Sn_3O_4 纳米颗粒会相互自组装形成纳米片。为进一步降低定向附着生长过程中系统的表面能，片状的反应产物最终自组装成花状结构[195-196]。当柠檬酸钠含量为 0.025 mol/L 时，Sn_3O_4 生成较为完整的花状结构。

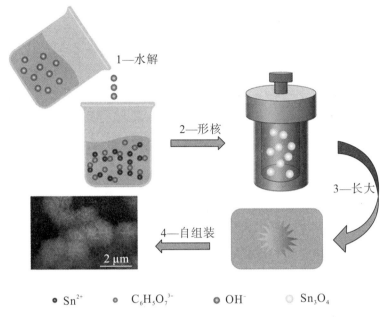

图 3.5 花状 Sn_3O_4 形成过程示意图

3.2.3 不同形貌结构 Sn_3O_4 的比表面积

笔者对添加不同柠檬酸钠制备的不同形貌结构的 Sn_3O_4 样品进行了氮气吸附脱附性能测试,结果如图 3.6 所示。当压力逐渐升高时,氮气吸附曲线逐渐凸起向上,并在 $P/P_0=1$ 处吸附量达到最高,当压力逐渐降低时,曲线逐渐从最高点往下回落。由于不同结构的 Sn_3O_4 对氮气的吸附力不一致,因此吸附曲线和脱附曲线形成的回滞环大小不同。对于 Sn_3O_4-0SC 和 Sn_3O_4-5SC,在 $0<P/P_0<1.0$ 区域内,吸附脱附曲线的回滞环较小,这主要是由于纳米颗粒未形成明显的孔结构,吸附量很少所致;对于 Sn_3O_4-15SC 和 Sn_3O_4-25SC,在 $0<P/P_0<1.0$ 区域内,其吸附脱附曲线存在明显的回滞环,这是因为纳米片组装成花状后,片与片之间形成的空隙能够让实验样品表面形成多孔样貌,所以显著增加了它的吸附量。根据 BDT 分类法,此 Sn_3O_4 样品的吸附脱附曲线为Ⅳ型[197]。

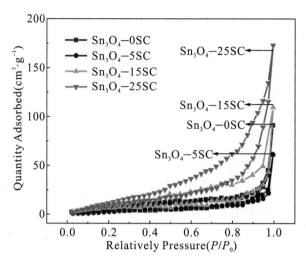

图 3.6 不同形貌结构 Sn_3O_4 的氮气吸附脱附曲线

表 3.1 展示了不同形貌结构 Sn_3O_4 的比表面积和孔体积。结果表明，Sn_3O_4 的比表面积、孔体积和平均孔径尺寸大体随着柠檬酸钠含量的增加而增大。其中，Sn_3O_4—25SC 的 BET 比表面积为 65.691 m^2/g，孔体积为 0.280 cm^3/g，平均孔径尺寸为 50.224 nm。高比表面积相对增加了表面活性位点的数量，而多孔结构能够吸附更多的反应性物质，因而都被认为能够显著提高材料的光催化活性[198-199]。

表 3.1 不同形貌结构 Sn_3O_4 的比表面积和孔体积

样品	比表面积/$(m^2 \cdot g^{-1})$	孔体积/$(cm^3 \cdot g^{-1})$	平均孔径尺寸/nm
Sn_3O_4—0SC	27.006	0.170	19.463
Sn_3O_4—5SC	27.992	0.186	17.064
Sn_3O_4—15SC	34.850	0.194	26.594
Sn_3O_4—25SC	65.691	0.280	50.224

3.2.4 不同形貌结构 Sn_3O_4 的光催化性能

图 3.7 为不同形貌结构 Sn_3O_4 在可见光照射条件下，降解亚甲基蓝（MB）水溶液的降解率曲线和降解动力学曲线。从图 3.7（a）中可以看出，不同形貌结构的 Sn_3O_4 在经过 40 W 的 LED 模拟光源（$\lambda = 400 \sim 830$ nm）照射 120 min 后，光催化 MB 的降解率分别为 52.2%、37.3%、20.1% 和 9.84%，

催化效率按从大到小排序为：$Sn_3O_4-25SC>Sn_3O_4-15SC>Sn_3O_4-5SC>Sn_3O_4-0SC$。由此可见，具有花状结构的 Sn_3O_4-25SC 对 MB 的降解率最高，其光催化活性最强。

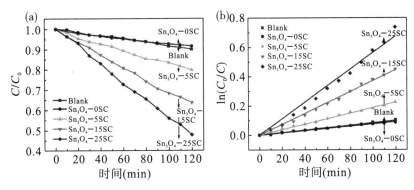

图 3.7 **不同形貌结构的 Sn_3O_4 对亚甲基蓝（MB）的**
（a）**光催化降解率曲线**；（b）**降解动力学曲线**

通常光催化反应降解动力学特性可由用 Langmuir−Hinshelwood 方程表征[200]：

$$r = -\frac{dC}{dt} = \frac{kKC}{1+KC} \qquad (3-1)$$

式中，t 为光催化降解的时间；r 和 C 分别代表在时间 t 时，反应物的光催化氧化速率和反应物的浓度；k 和 K 分别代表反应速率常数和反应物在催化剂表面的吸附系数。当被降解溶液 KC 值远远小于 1 时，式（3−1）可改写为：

$$r = -\frac{dC}{dt} = kKC = K_{app}C \qquad (3-2)$$

此时反应物浓度与氧化速率成正比，K_{app} 为表观一级动力学常数[201]。对式（3−2）积分后两边同时取对数后可以得到下式：

$$\ln\left(\frac{C_0}{C}\right) = kKt = K_{app}t \qquad (3-3)$$

式中，C_0 为反应物的初始浓度。

初始降解速率 r_0 可以表示为：

$$r_0 = K_{app}C \qquad (3-4)$$

当 KC 代表的有机物浓度值远远大于 1 时，反应的速率最高，将其代入式（3−1），计算得出 $r=k$，上述反应为零级动力学反应[19]。

按照式（3−3）得到的不同形貌结构 Sn_3O_4 的可见光催化降解 MB 的反应动力学曲线和动力学参数分别如图 3.7（b）和表 3.2 所示。不同样品对应的

K_{app}值依次为 0.768×10^{-3} min^{-1}、0.187×10^{-2} min^{-1}、0.371×10^{-2} min^{-1} 和 0.562×10^{-2} min^{-1}。易知，Sn_3O_4－25SC 的 K_{app} 最大。结合 XRD、SEM 和光催化降解 MB 的结果可知，当 Sn_3O_4 没有完成结晶或形成的表面形貌结构不完整时，其光催化效果较差。因此，在添加 0.025 mol/L 柠檬酸钠后获得花状 Sn_3O_4－25SC 具有更大的比表面积，能够提供了更多的催化活性点位[202－203]，从而有利于提高有机物的降解率。

表 3.2　不同形貌结构 Sn_3O_4 光催化剂降解 MB 水溶液的反应动力学参数

样品	R^2	K_{app}/min^{-1}	降解率/%
空白组	0.99665	0.839×10^{-3}	10.00
Sn_3O_4－0SC	0.99586	0.768×10^{-3}	9.84
Sn_3O_4－5SC	0.99850	0.187×10^{-2}	20.10
Sn_3O_4－15SC	0.99862	0.371×10^{-2}	37.30
Sn_3O_4－25SC	0.99431	0.562×10^{-2}	52.20

除了良好的降解性能，催化剂的降解稳定性也至关重要。循环降解稳定性常采用循环降解实验来评定[204]。循环降解实验是指将催化剂经过一次光催化反应后，再把催化剂经蒸馏水和乙醇离心洗涤若干次后烘干，重复进行光催化降解 MB 水溶液反应，测定催化剂降解率，进而推算催化活性的变化。该方法常用来评价催化活性的稳定性。本实验以花状 Sn_3O_4（Sn_3O_4－25SC）为研究对象，通过循环降解 MB 水溶液的实验来评价花状 Sn_3O_4 的催化活性稳定性。图 3.8 为 Sn_3O_4－25SC 在可见光下催化降解 MB 活性的稳定性测试。由图 3.8 可知，Sn_3O_4－25SC 催化剂经 4 次循环后仍具有良好的降解效果，催化剂对 MB 的降解率均保持在 50% 左右。

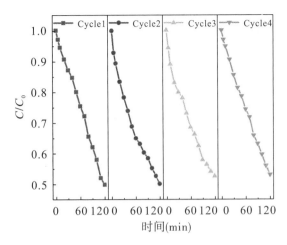

图 3.8 Sn_3O_4-25SC 在可见光下催化降解 MB 活性的稳定性测试

图 3.9 为 Sn_3O_4-25SC 催化剂在降解反应前和经循环降解 4 次后的 XRD 谱图和 SEM 照片。结果显示，Sn_3O_4-25SC 样品经 4 次循环降解 MB 反应后，其物相结构和样品形貌均未发生变化。由此可以表明，该催化剂未与降解物发生化合反应，循环降解稳定性良好。

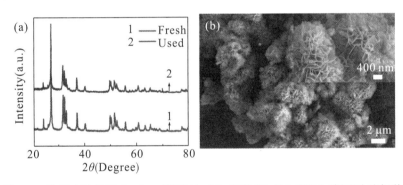

图 3.9 降解实验前后 Sn_3O_4-25SC 的（a）XRD 和（b）SEM（插图为降解前）

3.2.5 花状 Sn_3O_4 的光吸收性能

为深入理解 Sn_3O_4-25SC 所具有的良好光催化活性，对花状结构 Sn_3O_4-25SC 光催化剂进行了 UV-Vis 和 XPS 价带分析测试，结果如图 3.10 所示。由图 3.10（a）可以看出，花状 Sn_3O_4-25SC 对 300~400 nm 范围的紫外光吸收度较高，同时 Sn_3O_4-25SC 的吸收带边在 475 nm 附近，证明其对可见光也有一定的吸收。

采用库贝尔卡-蒙克（Kubelka-Munk）方法[205]和式（3-6）计算

Sn_3O_4-25SC 的带隙 E_g：

$$\alpha h v = A(hv - E_g)^{1/2} \quad (3-6)$$

式中，α、h、v、A 依次代表光吸收系数、普朗克常数、光子频率和比例常数。图 3.10（b）是花状 Sn_3O_4-25SC 的 $(\alpha hv)^2$ 对 hv 的关系曲线。通过 $(\alpha hv)^2$ 对 hv 作图[206]，可在 $\alpha=0$ 时计算出 Sn_3O_4-25SC 的禁带宽度（带隙能）E_g，即对 $(\alpha hv)^2-hv$ 曲线中的直线部分做切线，沿着切线向 X 轴延长并与 X 轴产生交点，通过测量交点的结合能，以获得花状 Sn_3O_4-25SC 的 E_g 值为 2.61 eV。

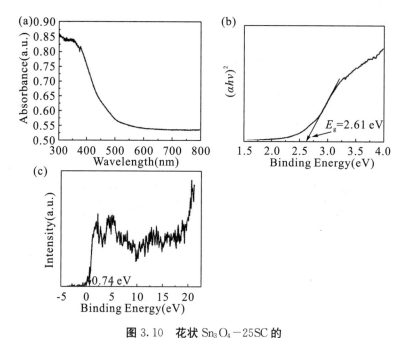

图 3.10　花状 Sn_3O_4-25SC 的
(a) UV－Vis 光谱；(b) $(\alpha hv)^2-hv$ 的曲线；(c) XPS－VB 谱

XPS－VB 谱图与固体的能带结构有关。在光电离过程中，物质原子轨道上的价电子可以被适当能量的激发源激发。因此，XPS－VB 谱图可以提供材料的电子结构信息。通常将 XPS－VB 曲线在 0 eV 附近的直线部分向靠近的 X 轴方向延伸，并将小于 0 的水平部分沿 X 轴向较大结合能的方向延伸，两条直线的交点即为 E_{VB}。花状 Sn_3O_4-25SC 的 XPS－VB 谱图如图 3.10（c）所示。按此方法估算花状 Sn_3O_4-25SC 的 E_{VB} 为 0.74 eV，根据式[207-208]（3-7）能够得出花状 Sn_3O_4-25SC 的导带值 E_{CB} 为 -1.87 eV。

$$E_{VB} = E_{CB} + E_g \quad (3-7)$$

由于花状 Sn_3O_4 的 E_{CB} 小于 $O_2/\cdot O_2^-$ 的电势,吸附在花状 Sn_3O_4 表面的氧气作为电子受体,会被导带上的光生电子(e^-)还原成具有较强氧化性的 $\cdot O_2^{-[19]}$;而花状 Sn_3O_4 的 E_{VB} 为 0.74 eV,小于 $\cdot OH/H_2O$ 的电势(2.27 eV)和 $\cdot OH/OH^-$ 和的电势(1.99 eV),因此花状 Sn_3O_4 表面吸附的水或 OH^- 不能被空穴氧化为 $\cdot OH^{[19]}$。

3.2.6 花状 Sn_3O_4 的光催化机理分析

在光催化反应中,具有强氧化性的超氧自由基($\cdot O_2^-$),可以通过光生电子与水中的氧逐步还原成 $\cdot O_2^{-[209-210]}$,另一个具有强氧化能力的活性基团羟基自由基($\cdot OH$),是通过光生空穴(h^+)直接氧化催化剂表面附着的 H_2O 或 OH^- 后形成[209-210]。$\cdot O_2^-$、$\cdot OH$ 和 h^+ 三个活性物质是污染物能被光催化剂进行光催化降解的主要因素。

实验采用对苯醌(BQ)、三乙醇胺(TEOA)、异丙醇(IPA)三种物质分别对 $\cdot O_2^-$、h^+ 和 $\cdot OH$ 进行捕获,以进一步研究花状 Sn_3O_4 光催化降解 MB 的机理。图 3.11 是添加不同捕获剂后,花状 Sn_3O_4 在可见光下降解 MB 的光催化活性对比图。如图所示,未添加捕获剂时,经过 120 min 的可见光照射后,花状 Sn_3O_4 光催化剂对 MB 的降解率约为 52%。在同样的光照条件下,当加入相同浓度的对苯醌和三乙醇胺后,花状 Sn_3O_4 光催化剂的活性大大降低,尤其是在添加三乙醇胺后,花状 Sn_3O_4 对 MB 的降解率下降至 30% 左右;而添加对苯醌后,花状 Sn_3O_4 对 MB 的降解率不足 20%,说明对苯醌对光催化性能的影响大于三乙醇胺。此外,加入异丙醇后,花状 Sn_3O_4 光催化剂的活性几乎没有变化。三种捕获剂对花状 Sn_3O_4 光催化活性的影响顺序为:对苯醌>三乙醇胺>异丙醇,说明超氧自由基($\cdot O_2^-$)对 Sn_3O_4 光催化降解 MB 水溶液的效能影响最大。

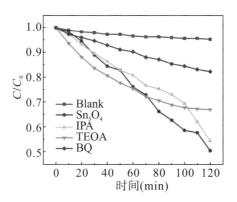

图 3.11 添加不同捕获剂后花状 Sn_3O_4 光催化剂在可见光下降解 MB 的光催化活性对比图

由此笔者提出纳米花状 Sn_3O_4 降解亚甲基蓝的机理，如图 3.12 所示。由纳米片自组装而成的花状 Sn_3O_4 表面具有较多的纳米孔，有较大的比表面积，有助于吸附氧气分子和亚甲基蓝分子。带隙为 2.61 eV 的花状 Sn_3O_4 暴露在可见光下，Sn_3O_4 受激发形成光生电子（e^-）和光生空穴（h^+）。同时由于花状 Sn_3O_4 的 E_{CB} -1.89 eV 小于 $O_2/\cdot O_2^-$ 的氧化还原电势 (-0.28 eV)，吸附在花状 Sn_3O_4 表面的氧气作为电子受体，被导带上的光生电子（e^-）还原成具有较强氧化性的 $\cdot O_2^-$[19]；而花状 Sn_3O_4 的 E_{VB}（+0.74 eV）小于 $\cdot OH/H_2O$ 的电势 (+2.27 eV) 和 $\cdot OH/OH^-$ 的电势 (+1.99 eV)，因此吸附在花状 Sn_3O_4 表面的 H_2O 或 OH^- 不能被 h^+ 氧化为 $\cdot OH$[19]，h^+ 直接参与氧化反应。最后，在 $\cdot O_2^-$ 和价带上的 h^+ 的综合作用下（$\cdot O_2^-$ 为主要活性物种），MB 分子会被其逐步降解为 H_2O 和 CO_2 等小分子。

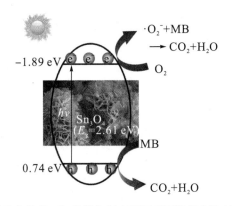

图 3.12 纳米花状 Sn_3O_4 光催化剂在可见光下降解 MB 的机理示意图

3.3 本章小结

（1）实验合成了花状 Sn_3O_4。详细研究了产物的结构、形貌，探究了其生长机理。结果表明，柠檬酸根离子的浓度与这种由纳米片自组装而成的花状结构有着直接的影响。当反应温度为 160 ℃，柠檬酸钠含量为 25 mmol/L 时，花状 Sn_3O_4 的直径可达到~2.6 μm。

（2）制备的花状 Sn_3O_4（E_g=2.61 eV）是一种可见光响应型的光催化剂。由于花状 Sn_3O_4 具备高催化活性的结构特点，即较大的比表面积（65.691 m^2/g），因此将其持续暴露在可见光下 120 min 后，纳米花状Sn_3O_4-25SC 对 MB 降解率能够达 52.2%。此外，Sn_3O_4-25SC 具有良好的稳定性，在可见光降解 MB 的 4 次循环试验中，光催化效率没有发生显著变化，物相组成和表面结构均没有被破坏。

（3）结合活性物种捕获剂实验，提出了纳米花状 Sn_3O_4 降解 MB 的光催化反应机理。由于花状 Sn_3O_4 的 E_{CB}（−1.89 eV）小于 $O_2/\cdot O_2^-$ 的电势（−0.28 eV），花状 Sn_3O_4 的 E_{VB}（+0.74 eV）小于 $\cdot OH/H_2O$ 的电势（+2.27 eV）和 $\cdot OH/OH^-$ 的电势（+1.99 eV），因此超氧自由基（$\cdot O_2^-$）对 Sn_3O_4 光催化降解 MB 的影响作用最大，其次是光生空穴（h^+）。

4 微纳尺度异质结 SnSe/SnO$_2$ 复合材料的制备及光催化性能

SnO$_2$ 是一种 n 型宽禁带直接半导体，由于其拥有优异的物理化学性能，被认为是最有前景的光催化材料之一[211]。与此同时，由于 SnO$_2$ 也存在较低的载流子分离效率，较窄的光吸收范围等问题，阻碍了光催化效率的提升，因此 SnO$_2$ 的应用受到了一定限制[212-213]。研究发现，与纯相的 SnO$_2$ 相比，基于 SnO$_2$ 构建异质结，可以明显提高复合材料的光生载流子分离效率，也有助于促进复合材料的光催化性能得到提高，如 TiO$_2$-SnO$_2$[214]、ZnO-SnO$_2$[215] 等。同时在能带结构匹配的前提下，当与 SnO$_2$ 耦合成异质结的具有更大的比表面积时，还有助于增强光子捕获效率[216-217]。

硒化锡（SnSe）是一种 p 型半导体，具有可调谐的窄带隙（E_g = 0.9 eV）[218]，层状的 SnSe 具有较高的比表面积和较大的可见光吸收系数（约 10^5 cm^{-1}）。研究认为，SnSe/SnO$_2$ 可成为优良的光催化剂材料[163]。理由是当 n 型半导体 SnO$_2$ 与 p 半导体型 SnSe 复合形成异质结 SnSe-p/SnO$_2$-n 后，一个由 SnO$_2$ 端指向 SnSe 端的内建电场将在该异质结界面附近形成。由于受到该电场的影响，光生载流子能够加速迁移，也能够较好地阻止载流子复合，从而使得更多的光生载流子能被有效利用[219-220]。

本章提出一种制备具有微纳尺度异质结构的 SnSe/SnO$_2$ 光催化复合材料的方法，即以具有高表面能的花状 Sn$_3$O$_4$ 为前驱材料，以硒粉为 Se 源的坩埚硒化制备具有异质结的复合材料。本章系统研究了硒化处理温度（400～800 ℃）与形成异质结的关系。同时以 MB 的水溶液为光催化降解标的物，探索了不同硒化处理温度下获得的产物在可见光（λ = 400～830 nm）下的光催化活性，并分析了光催化机理。

4.1 样品制备

图 4.1 是以 Sn$_3$O$_4$ 和硒粉为原料，采用坩埚硒化法制备异质结光催化材料

的示意图。如图4.1所示,按照Se与Sn的原子比为6∶4分别称量硒粉和Sn_3O_4;按照硒粉、碳纸和花状Sn_3O_4的顺序自下而上在坩埚内装入原料,将装料完毕的坩埚盖好后放入管式炉内,然后抽真空通入氩气,重复操作4次。再以10 ℃/min的升温速率升温到指定温度(400 ℃、500 ℃、600 ℃、700 ℃和800 ℃)后,硒化反应4 h。待反应结束后随炉冷却至室温,即得到复合材料,标记为SS−T(T=400 ℃、500 ℃、600 ℃、700 ℃和800 ℃)。

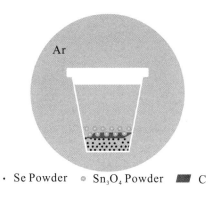

图4.1　氩气氛中坩埚硒化法制备SS−T复合材料示意图

4.2　结果与讨论

4.2.1　异质结光催化剂SS−T的物相结构和化学价态

图4.2为Sn_3O_4以及其在400~800 ℃下,经硒化反应4 h后生成的SS−T异质结复合光催化材料的XRD谱图。图4.2(a)为在不同温度下获得的反应物SS−T的XRD谱图。由图可见,Sn_3O_4在不同温度下硒化后获得的样品SS−T由多相构成,为清楚地显示和比较不同反应温度下产物的物相构成,将相应温度的XRD衍射谱分别列于图4.2(b)~(c)。由图4.2(b)可以清晰地观察到,当温度为400 ℃时,获得的样品SS−400 ℃由SnSe(JCPDS:53-0527)、Sn_3O_4(JCPDS:16-0737)和$SnSe_2$(JCPDS:23-0602)三相组成,图中分别以"•""∇"和"*"标示。随着温度升高到500 ℃时,SS−500 ℃依然是由三相共同组成,其中SnSe和$SnSe_2$两相继续存在,但是Sn_3O_4的衍射峰已经消失,而且从图中发现了新相SnO_2(JCPDS:41-1445),以"♦"表示,如图4.2(c)所示。

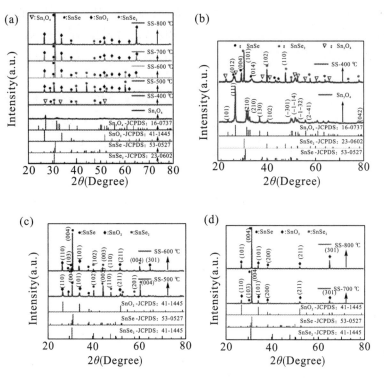

图 Sn_3O_4 和 Ar 气氛中（$T=400\sim800\ ℃$）硒化反应产物 SS-T 的 XRD 谱图：
(a) Sn_3O_4 和 SS-T；(b) Sn_3O_4 和 SS-400 ℃；
(c) SS-500 ℃和 SS-600 ℃；(d) SS-700 ℃和 SS-800 ℃

当温度继续升高到 600~700 ℃时，SS-600 ℃和 SS-700 ℃中 SnSe（如 31.131°处）、SnO_2（如 64.698°处）的衍射峰强度继续增大，但是 $SnSe_2$ 的衍射峰强度相对减弱，在 SS-700 ℃的 XRD 谱图中，几乎不能观察到 $SnSe_2$ 的衍射峰，如图 4.2（c）和图 4.2（d）所示。这可能是由于高温诱发了原子缺陷，并且原子缺陷的密度随着温度的升高而逐渐增强[221]，因为缺陷的聚集，最终使得 $SnSe_2$ 逐渐开始解离并生成 SnSe[222-223]。值得注意的是，SS-800 ℃中 SnO_2 的衍射峰强且尖锐，说明此时生成了结晶性好的 SnO_2。

图 4.3 是 Sn-O 相图[224]和 Sn-Se 相图[221]，由此可以推测出样品 SS-T 的硒化反应机理。由图 4.3（a）可知，在氩气氛中，当硒化温度为 400 ℃时，混合价态化合物 Sn_3O_4 受热分解出 Sn；当硒化温度为 500~800 ℃时，Sn_3O_4 被完全分解为 Sn 和 SnO_2。

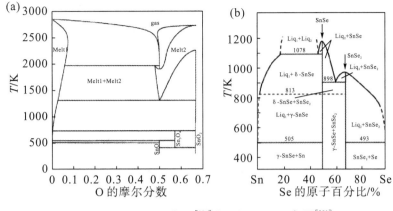

图 4.3 （a）Sn—O 相图[224] 和（b）Sn—Se 相图[221]

如图 4.3（b）所示，当 Se 的原子百分比处于 50%～64% 的区间时，在 400～500 ℃时，Se（熔点为 221 ℃）与 Sn 发生反应生成 γ-SnSe 和 $SnSe_2$。因此 SS-400 ℃ 为 Sn_3O_4、SnSe 和 $SnSe_2$ 三相共存；SS-500 ℃ 为 SnO_2、SnSe 和 $SnSe_2$ 三相共存。此外，由于 SnSe 的焓为 -86.4 kJ/mol，熵为 89 J/mol，$SnSe_2$ 的焓为 -118.1 kJ/mol，熵为 111.8 J/mol[223]，因此在该温度区间，更容易获得 $SnSe_2$。从图 4.2（b）可知，Sn_3O_4 在 600 ℃ 硒化后生成 δ-SnSe 和 $SnSe_2$。同时从图 4.2（c）可以看出，SS-500 ℃ 和 SS-600 ℃ 在 $2\theta=30°$ 附近 SnSe 的衍射峰发生了位移，印证了 γ-SnSe 向 δ-SnSe 的转变，因此说明了 SS-600 ℃ 也是由 SnO_2、SnSe 和 $SnSe_2$ 三相共同组成。当 Se 与 Sn 在 700 ℃ 发生硒化反应时，反应在 SnSe 和液相区 2（SnSe 和 $SnSe_2$）[225] 区域内进行，由于 $SnSe_2$ 的熔点为 675 ℃ 且高温下 $SnSe_2$ 易解离生成 SnSe[222-223]，因此硒化产物 SS-700 ℃ 主要由 SnSe 和 SnO_2 构成。当温度在 800 ℃ 及以上时，由于反应体系处于液相区，由此推断 SS-800 ℃ 的主要成分为 SnO_2。

图 4.4 是样品 SS-T（$T=400\sim800$ ℃）的 XPS 谱图。如图 4.4（a）所示，从 SS-T 复合材料的 XPS 总谱中观察到除了 C 元素的特征峰外，只存在 O、Sn、Se 三种元素的特征峰，并无其他杂峰的存在。其中，C 元素可能来自 X 射线光电子能谱仪自身的无定形碳。

图 4.4（b）显示了在 480～500 eV 结合能范围内，SS-T（$T=400\sim800$ ℃）样品的 Sn 3d 的高分辨扫描谱。从 SS-T 的 Sn 3d 的高分辨谱图可以清晰地观察到 Sn 3d 分裂为典型的 Sn $3d_{5/2}$ 和 Sn $3d_{3/2}$ 双峰，如图 4.4（b）所示。其中，SS-T 复合材料的 Sn $3d_{5/2}$ 的特征峰位于 486.8 eV 结合能处附近；Sn $3d_{3/2}$ 的特征峰位于 495.2 eV 结合能处附近。Sn 3d 双峰间的结合能差值约为 8.4 eV。

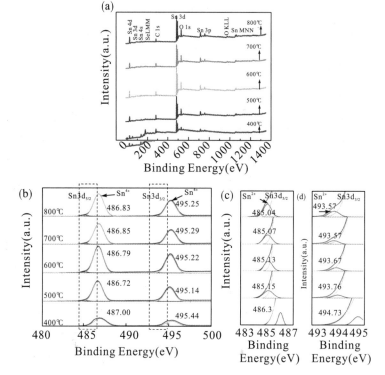

图 4.4 SS−T 的 XPS 谱：
(a) 全谱图，(b) Sn 3d 高分辨光谱，
(c) 482.5~487.5 eV 结合能处的 Sn $3d_{5/2}$ 高分辨光谱的放大图，
(d) 492~495 eV 结合能处的 Sn $3d_{3/2}$ 高分辨光谱的放大图

对 Sn 3d 的 XPS 谱图采用光谱分析拟合软件（Peakfit）进行分峰拟合，结果如图 4.4 (b) 所示。SS−T（T=400~800 ℃）样品的 Sn $3d_{5/2}$ 主峰和 Sn $3d_{3/2}$ 主峰均可分别分解为两组高斯峰。其中峰值中心位于 486.8 eV 和 495.2 eV 附近的高斯峰对应于 Sn^{4+}，归属于 Sn—O 键；峰值中心位于 485.1 eV 和 493.6 eV 附近的高斯峰对应 Sn^{2+}，归属于 Sn—Se 键[226-227]。从图 4.4 (b) 可知，Sn^{4+} 的高斯峰面积随着硒化温度的升高，在 600 ℃ 时出现最大值，结合 XRD 结果推测，这可能是 $SnSe_2$ 和 SnO_2 同时存在所致。当温度大于 600 ℃ 时，Sn^{4+} 的高斯峰面积逐渐降低，而这可能是 $SnSe_2$ 解离为 SnSe，Sn^{4+} 转化为 Sn^{2+} 所致。类似的结果从 Sn^{2+} 的 XPS 谱图中也可以得到证实。分别将图 4.4 (b) 虚线方框所示区域，即位于 482.5~487.5 eV 结合能处的 Sn $3d_{5/2}$ 高分辨光谱和位于 492~495 eV 结合能处的 Sn $3d_{3/2}$ 高分辨光谱的放大，其放大图分别如图 4.4 (c) 和图 4.4 (d) 所示。从图 4.4 (c)(d) 可以清晰地观察到，

随着硒化温度的升高，对应于 Sn^{2+} 的高斯峰面积逐渐增大，Sn^{2+} 高斯峰面积与 Sn^{4+} 高斯峰面积的比例逐渐增大，进一步说明了 $SnSe_2$ 解离转化为 SnSe，这与之前的文献报道一致[228]。基于 XPS 的表征结果说明以 Se 粉为原料，通过调控温度可以使 Sn_3O_4 硒化生成 $SnSe_2$、SnSe 和 SnO_2。

4.2.2 异质结光催化剂 SS-T 的形貌结构

图 4.5 是反应物的 SEM 图，硒化前后反应物形貌结构发生了明显变化。如图 4.5（a）所示，硒化前 Sn_3O_4 为花状结构，当硒化温度为 400 ℃时，Sn_3O_4 受热分解出 Sn，Sn 与 Se 反应生成硒化产物 SS-400 ℃的结构与受热反应前明显不同。

由图 4.5（d）SS-400 ℃的 SEM 图像可知，构成其结构的纳米板长度约为 1 μm，厚度约为 100 nm。图 4.5（f）（h）和（j）展示了当硒化温度从 500 ℃升高到 700 ℃时，Sn_3O_4 受热分解后 SS-T 重构的过程。从图 4.5（e）可以观察到，当硒化温度为 500 ℃时，SS-500 ℃的形貌被完全破坏，产物重新结晶形核，纳米板被分解为直径约为 60 nm 的纳米颗粒，如图 4.5（f）所示。图 4.5（g）清晰地显示了当 Sn_3O_4 在 600 ℃硒化时，获得的产物 SS-600 ℃进一步长大，形成了尺寸大小约为 9 μm 的花状结构，同时纳米颗粒逐渐变为平均长度约为 600 nm，平均厚度约为 300 nm 的纳米板，如图 4.5（h）所示。

当硒化温度继续升高到 700 ℃，从图 4.5（i）清晰地观察到硒化产物 SS-700 ℃基本上形成了完整的花状结构，其尺寸大小约为 15 μm。而且花状结构是由平均长度约为 600 nm，平均厚度约为 300 nm 的纳米板构成，如图 4.5（j）所示。由图 4.5（k）可知，当温度升高到 800 ℃时，产物的花状结构再次遭到破坏，结合 XRD 结果推测，这可能是由于 $SnSe_2$ 和 SnSe 受热分解并进入液相区所致。

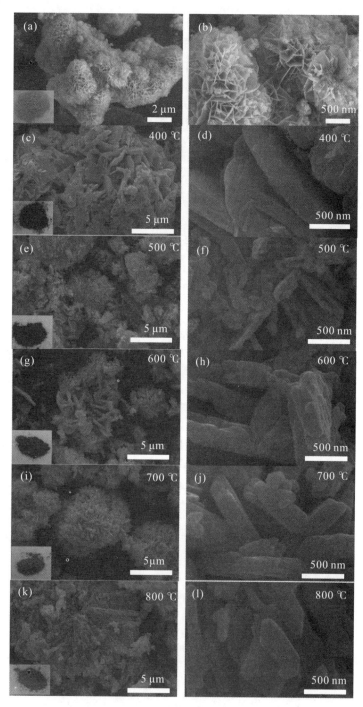

图 4.5 Sn_3O_4（a，b）和 SS-T 的低倍（c，e，g，i，k：T=400～800 ℃）和高倍（d，f，h，j，l：T=400～800 ℃）SEM 图，以及 SS-T 照片（插图）

图 4.6 为 SS-T 样品的 TEM 图像以及相应的高分辨（HRTEM）图像。TEM 图像进一步说明了随着硒化温度的升高，硒化产物 SS-T 的形貌明显不同。SS-T 经历了从 15~20 nm 较小的纳米粒子 [图 4.6（a）（c），SS-400 ℃、SS-500 ℃] 逐渐长大到约 50 nm 的纳米块 [图 4.6（e），SS-600 ℃]，再到约 1 μm 的片状 [图 4.6（g）(i)，SS-700 ℃、SS-800 ℃] 的变化过程。

从 HRTEM 图像可以观察到，SS-400 ℃ 的晶粒中存在着晶面间距为 0.288、0.291 和 0.328 nm 的晶格条纹，如图 4.6（d）所示，分别与 $SnSe_2$ 的（101）、SnSe 的（004）和 Sn_3O_4 的（111）晶面间距值一致。从图 4.6（f），SS-500 ℃ 的 HRTEM 图像中可知，与 Sn_3O_4 的（111）晶面间距值相同的晶格条纹已经不能被观察到，但是出现了对应于 SnSe（004）的晶面间距值（0.288 nm）的晶格条纹。随着硒化温度进一步升高到 600~700 ℃，从图 4.6（f）和图 4.6（h）中观察到 SS-600 ℃ 和 SS-700 ℃ 的晶粒中，只存在对应于 SnSe（004）晶面和 SnO_2（110）晶面的晶格条纹。

从图 4.6（i）可以看到，当经过 800 ℃ 硒化反应后，在 SS-800 ℃ 的 HRTEM 图像中只观察到方向一致且条纹清晰可辨的晶格条纹，该条纹的晶面间距值为 0.288 nm，对应于 SnO_2（110）晶面间距值。结合以上 XRD 的分析可知，随着硒化温度的升高，花状 Sn_3O_4 通过硒化反应形成了由 Sn_3O_4、$SnSe_2$、SnSe、SnO_2 组成的多相复合材料。因此推测 Sn_3O_4 在 400 ℃ 硒化后，形成了 Sn_3O_4/$SnSe_2$/SnSe 三相异质结，经过 500 ℃ 硒化后，形成了 SnO_2/$SnSe_2$/SnSe 三相异质结，而在 600~700 ℃ 和硒化后主要形成 SnSe/SnO_2 异质结，当硒化温度为 800 ℃ 时，SS-800 ℃ 的形貌结构遭到破坏，且 SS-800 ℃ 主要由 SnO_2 构成，异质结不明显，推断其光催化性能可能将受到影响。

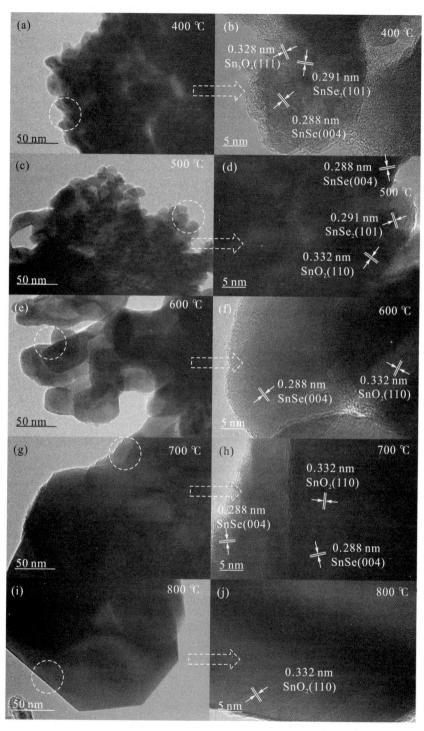

图 4.6　SS-T（T=400～800 ℃）的 TEM（a、c、e、g、i）和 HRTEM 图（b、d、f、h、j）

4.2.3 异质结光催化剂 SS−T 的光吸收性能

图 4.7 是 Sn_3O_4 和 SS−T 的 UV−Vis 吸收光谱。由图 4.7 的曲线 a 可见 Sn_3O_4 在波长 300~430 nm 的紫外光区有强烈的吸收，同时对可见光也表现出吸收特性，其光吸收边位置约为 475 nm，这属于 Sn_3O_4 的本征吸收，与相关文献报道的 Sn_3O_4 的吸收特性一致[77,229]。

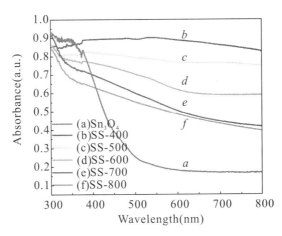

图 4.7　Sn_3O_4 和 SS−T 复合材料的 UV−Vis 吸收光谱

由图 4.7 中曲线 b~f 可见，在 300~800 nm 的区域内，相对于 Sn_3O_4，异质结复合结构 SS−T 表现出更大的光吸收强度和更宽的光吸收范围。同时，SS−T 的光吸收强度呈现的规律为：SS−400 ℃＞SS−500 ℃＞SS−600 ℃＞SS−700 ℃＞SS−800 ℃＞Sn_3O_4。这可能是由于随着温度的升高，SS−T 内部相组成发生变化所致。SS−400 ℃ 是由窄禁带的 $SnSe_2$、SnSe 以及对可见光响应的 Sn_3O_4 组成，由于 $SnSe_2$[230] 和 SnSe[231] 作为光敏化剂可以改变对光的吸收范围，因此 SS−400 ℃ 表现出最强的光吸收能力。SS−500 ℃ 与 SS−600 ℃ 主要为 $SnSe_2$、SnSe、SnO_2 三相共存，SS−700 ℃ 主要是 SnSe、SnO_2 两相共存，而 SS−800 ℃ 中存在的 SnO_2 相较多。由此推断，随着光敏化剂中 $SnSe_2$、SnSe 相的成分逐渐减少，SnO_2 相的成分逐渐增大，因此 SS−T 表现出光吸收能力逐渐降低。此外，SS−400 ℃、SS−500 ℃ 和 SS−600 ℃ 的表面粗糙，是由纳米粒子组成，纳米粒子之间存在间隙，有利于对光子的吸收；当硒化温度在 700 ℃ 及以上时，SS−700 ℃ 和 SS−800 ℃ 是由结晶度较好的纳米晶组成，对光子的吸收强度有所降低。结合 TEM 结果可知，SS−800 ℃ 纳米晶内主要是 SnO_2 的晶格条纹，因此 SS−800 ℃ 对 300~800 nm 光的吸收强度最低。

4.2.4　异质结光催化剂 SS-T 的电荷分离性能

采用电化学阻抗（EIS）技术对 Sn_3O_4、SS-T 与溶液界面之间的电荷转移和复合特性其进行表征。根据欧拉关系公式（4-1），阻抗可以用式（4-2）所示的复变函数来表达。

$$\exp(j\varphi) = \cos\varphi + j\sin\varphi \qquad (4-1)$$

$$Z(\omega) = \frac{E}{I} = Z_0 \exp(j\varphi) = Z_0(\cos\varphi + j\sin\varphi) \qquad (4-2)$$

式中，E 为电压；I 为电流；ω 是角频率；Z_0 为振幅；φ 为相移。因此，从式（4-2）可以看出，$Z(\omega)$ 是由实部和虚部两部分组成。以实部（Z'）为 X 轴，虚部（$-Z''$）为 Y 轴，Sn_3O_4 和 SS-T 的电化学阻抗奈奎斯特（Nyqusit）图谱如图 4.8（a）所示。

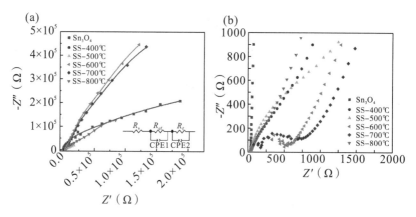

图 4.8　Sn_3O_4 及 SS-T 的电化学阻抗：
（a）Nyqusit 图；（b）高频区域 Nyqusit 图的放大图

图 4.8（a）中的每一点对应阻抗中的一个频率，低中频率（$10^{-3} \sim 10^3$ Hz）在 X 轴的右端，中高频率（$10^3 \sim 10^6$ Hz）在 X 轴的左端。在低中频区域时，载流子扩散的强弱程度决定了体系的阻抗，此时的阻抗被称为传质阻抗，通常此时 Nyqusit 图谱表现为一条倾斜角为 45°的直线，直线斜率的大小与传质阻抗的大小成反比[232]；在中高频区域时，电荷转移的情况决定了体系的阻抗大小，此时的阻抗通常被称为电荷转移阻抗，在 Nyqusit 图谱中表现为一个半圆，圆弧半径越小表示阻抗越小[233]。由图 4.8（a）发现，SS-600 ℃和 SS-700 ℃异质结复合材料在低频区域直线的斜率均大于 Sn_3O_4、SS-400 ℃、SS-500 ℃和 SS-800 ℃的 EIS 的斜率。图 4.8（b）为 Sn_3O_4 和 SS-T（$T=$

400~800 ℃）复合材料高频区域的阻抗平面图。图4.8（b）中半圆半径的大小顺序为：Sn_3O_4＞SS－400 ℃＞SS－500 ℃＞SS－800 ℃＞SS－600 ℃＞SS－700 ℃。这表明SS－T的阻抗值均小于Sn_3O_4的阻抗值，而且随着硒化温度的升高SS－T的阻抗值逐渐下降。图4.8（a）中的插图是采用阻抗分析软件（ZView）将Sn_3O_4和SS－T（T=400~800 ℃）的EIS数据进行拟合后，获得的该体系下对应的等效电路模型。通常在EIS的阻抗等效电路图中，分别用符号R_s、R_{ct}和R_f依次表示体系中存在的三类电阻，即溶液电阻、电极/电解液之间的电荷转移阻抗以及电极表面的传质阻抗；用CPE1和CPE2，分别代表电极/电解液之间的界面电容和双电层电容[234]。Sn_3O_4和SS－T异质结复合材料等效电路元件模拟参数见表4.1。其中SS－700 ℃的R_{ct}值最小，进一步说明$SnSe/SnO_2$异质结促进光生载流子的转移与分离的效率优于$SnSe_2/SnO_2$异质结的光生载流子的分离效率。

表4.1 Sn_3O_4和SS－T异质结复合材料等效电路元件模拟参数

样品	溶液电阻R_s/Ω	电荷转移阻抗R_{ct}/Ω	传质阻抗R_f/Ω
Sn_3O_4	38.52	4.298×10^5	1.429×10^6
SS－400 ℃	39.13	2.124×10^5	1.061×10^6
SS－500 ℃	37.79	98420	3.473×10^5
SS－600 ℃	34.64	903	1.420×10^5
SS－700 ℃	34.56	786	1.321×10^5
SS－800 ℃	33.69	44438	1.761×10^5

4.2.5 异质结光催化剂SS－T的光催化性能

图4.9是SS－T异质结复合材料对亚甲基蓝（MB）水溶液的降解效率和光催化降解亚甲基蓝的动力学曲线$\ln(C_0/C)\sim t$。由图4.9（a）可以观察到，经过120 min的可见光（λ=400~830 nm）照射，SS－T可见光降解亚甲基蓝水溶液的降解率分别为13.2%、37.1%、61.6%、63.7%和24.9%，见表4.2。

SS－T复合材料的光催化活性从大到小排序依次为：SS－700 ℃＞SS－600 ℃＞SS－800 ℃＞SS－500 ℃＞SS－400 ℃。

运用Langmuir－Hinshelwood模型[200]得到的一级动力学方程［式（4－3）］，可计算催化反应的动力学常数，以表征催化剂降解速率的大小。

$$\ln\left(\frac{C_0}{C}\right) = kKt = K_{app}t \quad (4-3)$$

式中，C_0 为反应物的初始浓度；K_{app} 为一阶反应动力学常数。

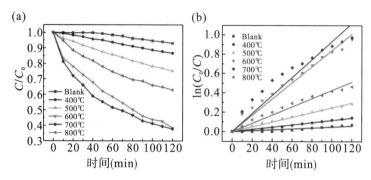

图 4.9 (a) SS-T 对亚甲基蓝（MB）的光催化降解率曲线；
(b) SS-T 光催化降解亚甲基蓝的动力学曲线 $\ln(C_0/C)\sim t$

表 4.2 SS-T 降解亚甲基蓝水溶液的反应动力学常数和降解率

样品	R^2	速率常数 $K_{app}/\min^{-1}$	降解率/%
Blank	0.90866	0.474×10^{-3}	7.4
Sn_3O_4-25SC	0.99431	0.562×10^{-2}	52.2
SS-400 ℃	0.99680	0.116×10^{-2}	13.2
SS-500 ℃	0.99044	0.247×10^{-2}	24.9
SS-600 ℃	0.99214	0.840×10^{-2}	61.6
SS-700 ℃	0.96276	0.932×10^{-2}	63.7
SS-800 ℃	0.99807	0.426×10^{-2}	37.1

对 SS-T 可见光催化亚甲基蓝水溶液的过程进行动力学分析。图 4.9（b）为按照方程（4-3）拟合得到样品 SS-T 可见光催化降解 MB 的动力学曲线，由此求得的反应动力学常数列于表 4.2。由表 4.2 中的结果可知，SS-T（T=400-800 ℃）复合材料的反应动力学常数 K_{app} 分别为 0.116×10^{-2} $\min^{-1}$，0.247×10^{-2} $\min^{-1}$，0.84×10^{-2} $\min^{-1}$，0.932×10^{-2} $\min^{-1}$ 和 0.426×10^{-2} $\min^{-1}$，其中 SS-700 ℃ 的反应动力学常数最大。相对而言，以 $SnSe/SnO_2$ 异质结为主 SS-700 ℃ 的光催化能力大于以 $SnSe_2/SnO_2$ 异质结为主的其他 SS-T 的光催化能力。此外，SS-800 ℃ 的表面异质结 $SnSe/SnO_2$ 不明显，所以光催化活性较差。

基于上述研究可知，Sn_3O_4 在 500 ℃已经被分解为 SnO_2，同时 SS-T 主要是由 SnO_2、$SnSe_2$ 和 SnSe 组成，$SnSe_2$ 和 SnSe 均是窄带隙半导体，不利载流子的分离。因此，通过讨论分析 $SnSe_2/SnO_2$ 异质结和 $SnSe/SnO_2$ 异质结中载流子的传输机理，可以进一步了解 SS-T 中光生载流子迁移路径与光催化性能的关系。根据电负性理论，通常可以用式（4-4）和式（4-5）估算半导体氧化物的导带底电位和价带顶电位[235]：

$$E_C = -[\chi(A)^a \cdot \chi(B)^b \cdots \chi(N)^n]^{\frac{1}{(a+b+\cdots+n)}} + \frac{1}{2}E_g + E_0 \quad (4-4)$$

$$E_V = E_C + E_g \quad (4-5)$$

式中，$\chi(A)$、$\chi(B)$ 和 $\chi(N)$ 分别代表不同元素 A、B 和 N 的电负性；E_g 为带隙宽度；E_0 为水的还原电位（4.5 eV）[236]。首先通过 Sn 元素的电子亲和能和第一解离能的计算获得 Sn 元素的绝对电负性；同理，O 元素的绝对电负性也按上述步骤计算获得。然后通过计算 SnO_2 中 Sn 原子和 O 原子绝对电负性的几何平均数，得到化合物 SnO_2 的绝对电负性，χ_{SnO_2} 为 6.24 eV。由于 SnO_2 属于电子导电的 n 型半导体，功函数 W_{SnO_2} 为 4.9 eV，E_g 为 3.6 eV，根据式（4-4）和式（4-5）估算 SnO_2 的导带底位置和价带顶位置，分别为 0.06 eV 和 3.66 eV。SnSe 属于空穴导电的 p 型半导体，其 W_{SnSe} 为 5.36 eV，E_g 为 1.0 eV（SnSe），电子亲势能 χ_{SnSe}=4.9 eV[237]。$SnSe_2$ 属于电子导电的 n 型半导体，其 W_{SnSe_2} 为 5.35 eV，E_g 为 1.03 eV（$SnSe_2$），电子亲势能 χ_{SnSe_2}=5.18 eV[238]。

图 4.10 是样品 SS-T 中存在的异质结 $SnSe/SnO_2$ 和异质结 $SnSe_2/SnO_2$ 的能带结构示意图。由于不同的半导体能带内的电子总数不一样，导致费米能级存在差异，表现出为载流子的浓度梯度。当 SnO_2 与 $SnSe_2$ 之间形成的异质结为跨界带隙异质结，如图 4.10（a）所示。由于 $SnSe_2$ 与 SnO_2 的均为 n 型半导体，在 $SnSe_2$ 与 SnO_2 接触的界面上，受到两半导体之间载流子浓度梯度的影响，电子趋向于从功函数较大的 SnO_2 流向功函数较小的 $SnSe_2$，直至费米能级平衡。在受到 $\lambda \geqslant 400$ nm 的光激发时，$SnSe_2$ 和 SnO_2 产生光生载流子，但是 $SnSe_2$ 的功函数小于 SnO_2 的功函数，因此光生载流子分别从的 SnO_2 导带和价带转移到聚集在 $SnSe_2$ 的导带和价带上，不能有效分离；同时，$SnSe_2$ 的带隙较窄，分离的载流子在短时间内会再次复合。因此，以 $SnSe_2/SnO_2$ 异质结为主的 SS-500 ℃光催化活性不佳。

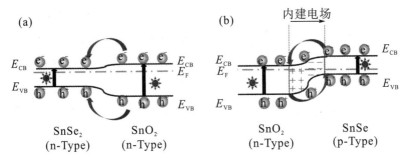

图 4.10　不同异质结的能带结构示意图：
(a) 异质结 $SnSe_2/SnO_2$；(b) 异质结 $SnSe/SnO_2$

当 SnO_2 与 SnSe 之间形成异质结为交错带隙异质结，如图 4.10（b）所示。由于 SnSe（p 型）与 SnO_2（n 型）的导电类型不同，电子将从功函数较大的 SnO_2 流向功函数较小的 SnSe。当费米能级被拉平后，电子流动过程结束，此时界面处 n 型半导体 SnO_2 带隙向上弯曲，在 $SnSe/SnO_2$ 异质结的 SnO_2 侧产生正的空间电荷区；p 型半导体 SnSe 带隙向下弯曲，并在 $SnSe/SnO_2$ 异质结的 SnSe 侧产生负的空间电荷区。因此，在界面处形成一个方向从 n 型的 SnO_2 指向 p 型的 SnSe 的界面内建电场。在受到 $\lambda \geqslant 400$ nm 光的照射时，位于 SnSe 和 SnO_2 价带中的电子被激发到导带，同时在价带中产生空穴。由于 SnO_2 和 SnSe 二者间具有紧密的接触界面和内建电场，跃迁的势垒被降低，光生电子很容易从 SnSe 导带上飘移至 SnO_2 导带上；同时，光生空穴很容易从 SnO_2 的价带上飘移至 SnSe 的价带上，这意味着光生载流子被有效地分离开来[217,220]。因此，以 $SnSe/SnO_2$ 异质结为主的 SS-600 ℃ 和 SS-700 ℃ 具有更好的光催化活性。此外，因为 SS-700 ℃ 为单一相的 $SnSe/SnO_2$ 异质结，同时具有完整的花状结构，所以 SS-700 ℃ 表现出最好的可见光催化性能。

4.2.6　$SnSe/SnO_2$ 异质结的光催化降解机理及其稳定性分析

光催化过程中，一般涉及超氧自由基（$\cdot O_2^-$）、羟基自由基（$\cdot OH$）和光生空穴（h^+）三种活性物种。通常对苯醌（BQ）、异丙醇（IPA）及三乙醇胺（TEOA）能分别起到捕获 $\cdot O_2^-$、$\cdot OH$ 和 h^+ 的作用。因此，在 $SnSe/SnO_2$ 异质结光催化剂（SS-700 ℃）可见光降解 MB 水溶液的过程中，将这三种物质作为捕获剂添加到溶液体系中，以研究了不同活性物种在 $SnSe/SnO_2$ 异质结光催化降解 MB 时对降解率的影响作用，结果如图 4.11 所示。从图 4.11 所示的结果发现，当体系中未添加捕获剂时，MB 水溶液经过 400～830 nm 的模拟光源辐照 120 min 后，$SnSe/SnO_2$ 异质结复合材料对 MB 溶液的光催化降解率为64%；当将捕获剂BQ，IPA和TEOA被分别添加至光催化降解体系中后，SnSe/SnO$_2$异质结材料对MB溶液的降解率分别为62.7%，28.6%和45.6%。由此可见，添加对·OH具有捕获作用的异丙醇（IPA）后，SnSe/SnO$_2$异质结材料对MB溶液的降解率显著降低，表明·OH是SnSe/SnO$_2$异质结光催化降解MB溶液过程中的主要活性物种。

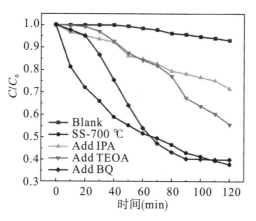

图4.11 添加不同捕获剂后SnSe/SnO$_2$异质结（SS-700 ℃）对MB的光催化降解率曲线

通过设置4次循环降解实验对SnSe/SnO$_2$异质结复合材料的稳定性和重复性进行了测试。图4.12为循环降解实验的测试结果。SnSe/SnO$_2$异质结材料对MB溶液的降解率分别为62.1%、38.7%、28.9%和18.7%。由此说明，经过循环测试后，SnSe/SnO$_2$异质结材料的光催化稳定性有待提高。

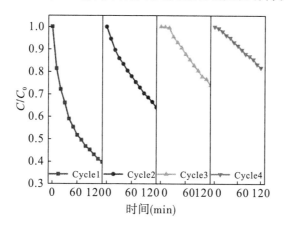

图4.12 SnSe/SnO$_2$异质结材料光催化循环降解MB的稳定性测试结果

4.3 本章小结

（1）本章以花状 Sn_3O_4 为前驱材料，通过坩埚硒化法构建了具有 $SnSe_2/SnO_2$ 异质结和 $SnSe/SnO_2$ 异质结的复合材料。详细研究了产物的结构、形貌与硒化温度的关系，并提出了可能的生长机理。在高温富硒环境下，Sn_3O_4 分解后与 Se 反应，当硒化温度为 700 ℃时，基本实现了 $SnSe_2/SnO_2$ 异质结向 $SnSe/SnO_2$ 异质结的完全转变，形貌结构上基本上形成了完整的花状形貌。该花状结构的尺寸大小约为 15 μm，是由平均长度约为 600 nm，平均厚度约为 300 nm 的纳米板组成。

（2）制备的 $SnSe_2/SnO_2$ 异质结复合材料和 $SnSe/SnO_2$ 异质结复合材料是可见光响应型光催化剂，均对 300~800 nm 的光有较强的吸收。但是 $SnSe_2/SnO_2$ 异质结复合材料的电荷转移阻抗大于 $SnSe/SnO_2$ 异质结复合材料的电荷转移阻抗，因此 $SnSe/SnO_2$ 异质结材料的光催化活性明显优于 $SnSe_2/SnO_2$ 异质结材料的光催化活性。在经过功率为 40 W，波长为 400~830 nm 的可见光催化 MB 水溶液 120 min 后，样品 SS-700 ℃对 MB 的降解率达到 63.7%。

（3）通过活性物种捕获研究，在 $SnSe/SnO_2$ 异质结材料光催化降解 MB 的反应过程中，·OH 是 $SnSe/SnO_2$ 异质结复合材料光催化降解亚甲基蓝的主要活性物质。

5 核壳型异质结 SnSe−NSs/SnO$_2$−NPs 的制备及光催化性能

核壳结构是由内核和外壳两种不同的物质构成的一种新型材料结构。具备此类结构的多组分纳米材料,能够更好地突显多重物质间的协同效应。外层的壳体可以保护内核,有利于保持内核自身的性能;同时内部的核也可以支撑外层的壳体,以获得良好的稳定性、多功能的离子交换能力、更大的比表面积或显著的催化性能。

研究发现,通过引入氧空位可以产生缺陷中心进而有助于调整能带结构[63],实现对可见光的吸收。Wang[27]已经证明氧空位的存在可以改变 O 原子上的最高占据态方向,实现 O 原子的非均匀分布,进一步允许 O 原子上空穴载流子的有效捕获;同时引入氧空位的方式不会在氧化物中引入杂质原子,有助于将杂质掺杂的结构缺陷降至最低[239]。此外,引入表面氧空位后的 SnO$_2$,可以直接增强半导体 SnO$_2$ 的吸附能力,从而有助于提高半导体材料对污染物的光催化降解率[27,30]。本章提出一种简单的"三步法"以构建表面氧空位核壳结构异质结,能进一步提升 SnSe/SnO$_2$ 异质结材料的稳定性和光催化活性。

5.1 样品制备

通过溶剂热法制备出由纳米片(nanosheets,NSs)自组装成花状的 SnSe,再采用低温原位氧化法对 SnSe 纳米片进行氧化,并产生 SnO$_2$ 纳米粒子(nanoparticles,NPs)。通过控制氧化时间,利用 SnO$_2$ 纳米粒子包覆 SnSe,形成 SnSe−NSs/SnO$_2$−NPs 核壳型异质结复合材料。对该核壳结构异质结,采用在氩气氛中进行脱氧生成表面氧空位,通过不同热处理温度达到对氧空位的调控,以提高 SnSe−NSs/SnO$_2$−NPs 核壳型复合材料的载流子浓度和迁移率,进一步增进材料的光催化性能。

实验样品的具体制备步骤和方法如下:

(1) SnSe 粉体的制备。在乙二醇（20 mL）和水合肼（30 mL）的混合物中加入硒粉，充分搅拌 30 min 使得硒粉完全溶解后，获得分散均匀的溶液 A；在去离子水（10 mL）中加入氢氧化钠（4 g）和 $SnCl_2 \cdot 2H_2O$（6 mmol/L），充分搅拌溶液至澄清状态，获得溶液 B。在磁力搅拌下，使用移液管采用缓慢滴入的方式，将溶液 B 完全转移至溶液 A 中，获得混合溶液。使用 100 mL 的不锈钢水热反应釜按照 80% 的比例装入混合液后并密封。使用真空干燥箱对封装完成的水热反应釜进行加热。待反应结束后，使用高速离心的方式从反应液中收集反应物；先后以蒸馏水和无水乙醇为洗涤剂，同时采用高速离心的方式洗涤反应物。实验时按照以下参数设置反应条件：反应温度 180 ℃，反应时间 12 h，加热方式为随炉加热，冷却方式为随炉冷却，干燥温度 60 ℃，干燥时间 12 h，洗涤次数 3 次。

(2) 将上述 SnSe 粉体放置于真空干燥箱中，随炉升温至 140 ℃后，在空气气氛中反应 2~12 h，获得表面氧化的 SnSe 粉体。

(3) 将上一步制备好的样品盛放于刚玉方舟中，紧接着将该方舟放置于管式炉内。在指定温度下，采用氩气气氛对表面氧化的 SnSe 粉体进行脱氧处理 1 h，之后随炉冷却至室温，获得催化剂样品。

5.2 结果与讨论

5.2.1 核壳型异质结的结构与形貌

图 5.1 显示了水热反应后 SnSe 的 XRD 谱图。XRD 测定的结果表明水热反应产物具有良好的结晶性，衍射峰均对应于 SnSe（JCPDS：48-1224）。图 5.2 为水热反应产物的 EDS 测试结果。从 EDS 能谱可以发现，水热反应后样品只含有 Sn 和 Se 两种元素，无其他杂质存在。经测定 Sn 和 Se 的原子比约为 1∶1，这表明水热反应产物为 SnSe，结果与 XRD 的测试结果一致。

5 核壳型异质结 SnSe-NSs/SnO₂-NPs 的制备及光催化性能

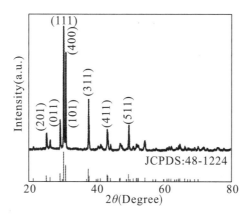

图 5.1　SnSe 的 XRD 谱图

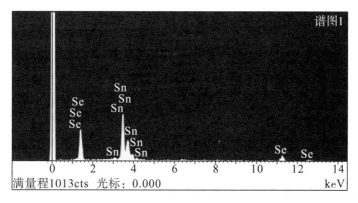

图 5.2　SnSe 的 EDS 图谱

将水热反应获得的 SnSe 粉末在 140 ℃空气中加热不同时间（2~12 h）后得到的产物分别记为 SnSe-NSs/SnO₂-NPs-t（t=2~12 h），SnSe-NSs/SnO₂-NPs-t 的 XRD 谱图如图 5.3 所示。结果发现，SnSe 氧化后，XRD 谱图中仍能明显观察到正交相 SnSe 的衍射谱线（JCPDS：48-1224）。随着氧化反应时间延长到 6 h 及以上，在 2θ=33.89°处发现了 SnO_2 的衍射峰，图中以"·"标示。由该结果初步断定 SnSe 在空气气氛中氧化，能够在表面生成 SnO_2，形成 SnO_2/SnSe 异质结构。

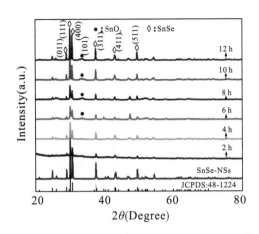

图 5.3 SnSe 及 SnSe−NSs/SnO$_2$−NPs−t（t=2~12 h）的 XRD 谱图

图 5.4 是 SnSe 氧化前后的 SEM 形貌。如图 5.4（a）所示，氧化前 SnSe 表现为纳米片自组装而成的微米尺度的花状结构，尺寸大小介于 15~20 μm，纳米片的厚度约为 210 nm。同时，从图 5.4 中可以清晰地观察到，当 SnSe 被氧化 2~12 h 后，SnSe 依然呈现花状结构，形貌未发生明显变化。但从高倍率图中可以观察到纳米片表面的粗糙度增大。根据 XRD 结果推断，可能是 SnSe 表面被氧化生成了 SnO$_2$。

图 5.5 显示了 SnSe 氧化前后的 TEM 和 HRTEM 图像。从图 5.5（c）中可以清晰地观察到，当氧化时间为 2 h 时，在 SnSe 表面生成了粒状的反应物，从图 5.5（d）中得知，在局部区域内该反应物的厚度为 2~5 nm；随着氧化时间的继续延长，SnSe 表面的颗粒状氧化产物增多并逐渐生长连接为氧化物层，如图 5.5（e）和图 5.5（g）所示。从图 5.5（h）~图 5.5（n）中可以观察到，当氧化时间达到 6 h 以后，SnSe 表面的反应物层厚度逐渐趋于稳定，约为 26 nm。相比于初始 SnSe 纳米片（厚度约为 210 nm）而言，氧化层约占 12%。

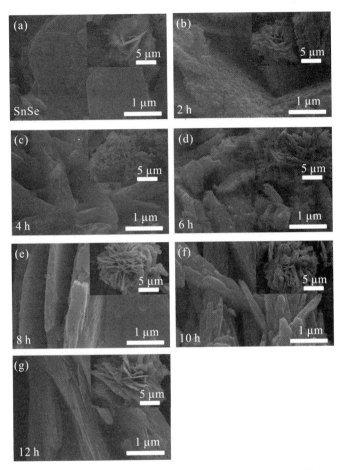

图 5.4 SnSe 及 SnSe−NSs/SnO$_2$−NPs−t 的 SEM 谱图,插图为低倍的 SEM 形貌:(a) SnSe;(b) t=2 h;(c) t=4 h;(d) t=6 h;(e) t=8 h;(f) t=10 h;(g) t=12 h

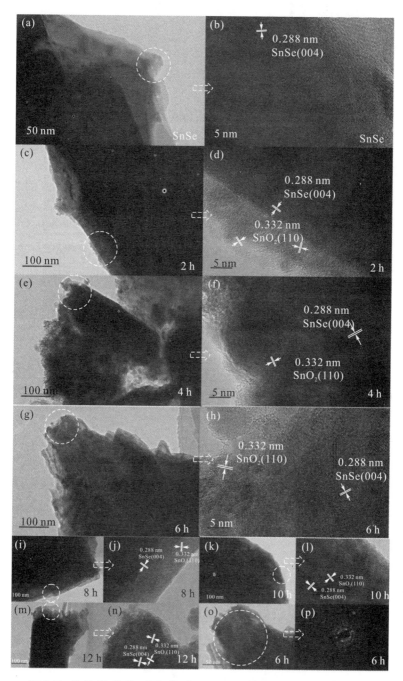

图 5.5 SnSe 及 SnSe-NSs/SnO$_2$-NPs-t 的 TEM 和 HRTEM 谱：
(a, b) SnSe；(c, d) $t=2$ h；(e, f) $t=4$ h；(g, h) $t=6$ h；(i, j) $t=8$ h；
(k, l) $t=10$ h；(m, n) $t=12$ h；(o, p) $t=6$ h 的 SAED 谱图

由图 5.5 的 HRTEM 图像可以发现,在 SnSe 及 SnSe－NSs/SnO$_2$－NPs－t(t=2~12 h)的晶粒内部,存在大量晶面间距为 0.288 nm 的晶格条纹,该条纹间距值与 SnSe(004)晶面间距大小一致;而且在 SnSe－NSs/SnO$_2$－NPs－t(t=2~12 h)的纳米片边缘可以发现晶面间距为 0.332 nm 的条纹,与 SnO$_2$(110)晶面间距的大小一致。图 5.5(p)为 SnSe 氧化 6 h 后的选区电子衍射(SAED)谱图,显示了 SnO$_2$ 衍射斑点和 SnSe 衍射圆环。结合 XRD、SEM 和 TEM 的分析可知,SnSe 经过在空气中氧化后,可以在纳米片表面生成 SnO$_2$,形成 SnSe－NSs/SnO$_2$－NPs 异质结;同时,随着氧化时间的延长,有助于形成核壳型的 SnSe－NSs/SnO$_2$－NPs 异质结构,其中壳层 SnO$_2$ 的厚度在 2~26 nm 范围内可调。

图 5.6 是 SnSe 及 SnSe－NSs/SnO$_2$－NPs－t 的 XPS 谱图。其中,图 5.6(a)为复合材料的 XPS 总谱,从总谱中只能观察到 O、Sn、Se 和 C 四种元素的特征峰,未观察到无其他元素特征峰的存在。

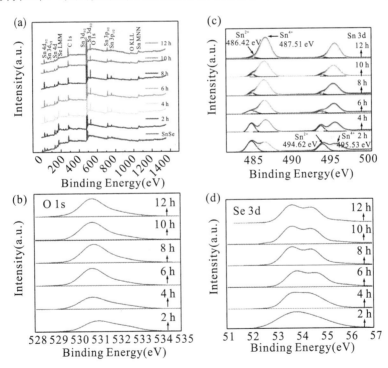

图 5.6　SnSe 及 SnSe－NSs/SnO$_2$－NPs－t 的 XPS 谱图:
(a) XPS 全谱图;(b) O 1s;(c) Sn 3d;(d) Se 3d

图 5.6(c)显示了 480~500 eV 结合能范围内,SnSe－NSs/SnO$_2$－NPs－t

样品的 Sn 3d 的高分辨扫描谱。从 Sn 3d 的 XPS 谱图可以发现，Sn 3d 由 Sn $3d_{5/2}$（486.8 eV）和 Sn $3d_{3/2}$（495.3 eV）两个特征峰组成。对其进行分峰后拟合，发现 Sn $3d_{5/2}$ 的主峰可以分为中心位于 486.42 eV 与 487.51 eV 的两个高斯峰，分别对应 Sn^{2+} 和 Sn^{4+}。Sn $3d_{3/2}$ 的主峰可以分为中心位于 494.62 eV 与 495.53 eV 的两个高斯峰，分别对应于 Sn^{2+} 和 Sn^{4+}。其中，+2 价的 Sn 归属于 Sn—Se 键，+4 价的 Sn 归属于 Sn—O 键[226-227]。这说明 SnSe 经过氧化后，均生成了 SnO_2。同时从 Sn 3d 的 XPS 谱图中还可以清晰地观察到，峰值中心处于 486 eV 和 494 eV 附近的归属于 Sn^{2+} 的高斯峰，随着氧化时间的延长，峰强度不断减弱，而归属于 Sn^{4+} 的特征峰，其峰强度则不断增大。这进一步说明 SnSe 经氧化后，其表面出现了 SnO_2，并且随着氧化反应从 2 h 延长到 12 h，氧化产物 SnO_2 的含量增多。

从图 5.6（b）和图 5.6（d）的 O 1s 和 Se $3d_{5/2}$ 的 XPS 谱图可以清晰地观察到，随着 SnSe 氧化时间的延长，O 1s（531.70 eV）的特征峰强度逐渐升高，Se 3d 的特征峰强度逐渐降低。与此同时，随着 SnSe 氧化时间从 2 h 延长至 12 h，从图 5.6（c）（d）可以观察到 O 1s 特征峰的面积逐渐增大，而 Se 3d 特征峰的面积逐渐缩小。此外，Se 3d 光谱位于 54 eV 处附近，表明所有 Se 均以硒化物 Se^{2-} 的形式存在于复合材料中[228]。以上结果进一步说明了 SnSe 在 140 ℃ 空气气氛下加热，其表面可以被氧化生成 SnO_2，同时随着氧化时间的延长，SnO_2 含量逐渐增多。

5.2.2 核壳结构壳层 SnO_2 氧空位的调控

图 5.7 是在 140 ℃ 的空气氛围中氧化 6 h 获得的 SnSe−NSs/SnO_2−NPs 样品，再将上述样品置于氩气氛下，在 200～800 ℃ 脱氧处理后产物的 XRD 谱图。结果发现，脱氧处理后 XRD 谱图中仍能明显观察到正交相 SnSe（JCPDS：48-1224），同时在 $2\theta = 33.89°$ 依然发现 SnO_2 的衍射峰，图中以"·"标示。这表明在氩气氛下热处理没有破坏 SnSe−NSs/SnO_2−NPs 的相组成。

5 核壳型异质结 SnSe-NSs/SnO$_2$-NPs 的制备及光催化性能

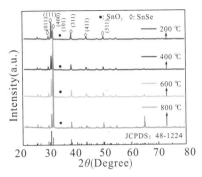

图 5.7 氩气氛下不同温度脱氧处理后 SnSe-NSs/SnO$_2$-NPs 样品的 XRD 谱图

图 5.8 展示了在氩气氛下经脱氧处理后 SnSe-NSs/SnO$_2$-NPs 的 SEM 谱图。如图 5.8 所示，SnSe-NSs/SnO$_2$-NPs 在 200~600 ℃于氩气氛中热处理 1 h 后，依然表现为纳米片自组装而成的微米尺度花状结构，花状结构的尺寸大小介于 15~20 μm。从图 5.8（a）（b）（c）中可以观察到，将 SnSe-NSs/SnO$_2$-NPs 的 SEM 形貌放大后，组成花状结构纳米片的厚度在 200~300 nm。然而 SnSe-NSs/SnO$_2$-NPs 经 800 ℃脱氧处理 1 h 后，花状形貌结构遭到破坏，如图 5.8（d）所示。

图 5.8 SnSe-NSs/SnO$_2$-NPs 的 SEM 谱图，插图为样品的 SEM 形貌：
(a) $T=200$ ℃；(b) $T=400$ ℃；(c) $T=600$ ℃；(d) $T=800$ ℃

图 5.9 是 SnSe-NSs/SnO$_2$-NPs 在氩气氛下经过不同温度脱氧处理 1 h 后样品的 TEM 和 HRTEM 图像。从图 5.9（a）（c）和（e）中可以观察到，样品 SnSe-NSs/SnO$_2$-NPs 在 200~600 ℃经过脱氧处理后，其形貌结构没有被破坏，在样品表面可以观察凹凸不平的粒状物。同时从 HRTEM 图中还可以观察到，

样品边缘的表面原子排列无秩序，这是由于经过脱氧处理，在 SnO_2 的表面诱发了原子缺陷，推测产生了氧空位结构。但是在 800 ℃ 经过脱氧处理后，SnSe－NSs/SnO_2－NPs 的形貌结构发生了明显的变化，如图 5.9（g）所示。SnSe－NSs/SnO_2－NPs 是由长约 50 nm、宽约 20 nm 的纳米晶构成，晶粒内晶格条纹清晰可辨，原子排列整齐。这是由于高温导致了再结晶过程的发生，原子进行自主排列后修复了晶体内部的缺陷。此外，从图 5.9 中可以发现，SnSe－NSs/SnO_2－NPs 在 200~800 ℃ 经过脱氧处理后，可以观察到间距值为 0.288 nm 和 0.332 nm 的晶格条纹依然存在。其中，前者与 SnSe（004）晶面间距值一致，后者与 SnO_2（110）的晶面间距值一致，这说明 SnSe－NSs/SnO_2－NPs 异质结依然存在。

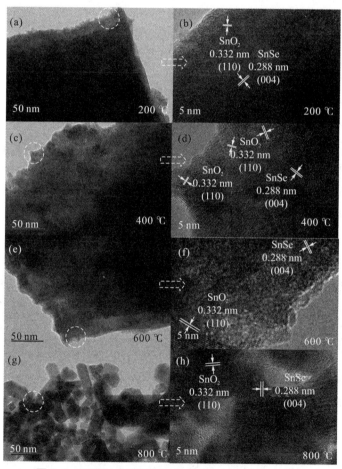

图 5.9 不同温度脱氧处理后 SnSe－NSs/SnO_2－NPs 的 TEM 谱图和 HRTEM 谱图：

(a, b) T=200 ℃；(c, d) T=400 ℃；(e, f) T=600 ℃；(g, h) T=800 ℃

采用 XPS 对在氩气氛下经过不同温度脱氧处理后，核壳结构 SnSe-NSs/SnO$_2$-NPs 表面的元素成分以及价态进行了表征，结果如图 5.10 所示。图 5.10（a）是 SnSe-NSs/SnO$_2$-NPs 的 XPS 全谱扫描图（0~1400 eV），可以观察到 SnSe-NSs/SnO$_2$-NPs 是由 Se、Sn、O 和 C 四个元素组成，并未发现其他杂质元素的特征峰。从图 5.10（b）可以观察到，Sn 3d 特征峰由 Sn 3d$_{5/2}$ 和 Sn 3d$_{3/2}$ 双峰组成。经过分峰拟合后，Sn 3d$_{5/2}$ 主峰可分为峰值中心分别位于 485 eV 和 493 eV 附近的两组高斯峰，Sn 3d$_{3/2}$ 主峰可分为峰值中心分别位于 486 eV 和 495 eV 附近的两组高斯峰。其中结合能较低的高斯峰，对应于 Sn^{2+}，归属于 Sn—Se 键；结合能较高的高斯峰，对应于 Sn^{4+}，归属于 Sn—O 键，该结果进一步说明经过热处理后 SnO$_2$ 和 SnSe 依然存在。

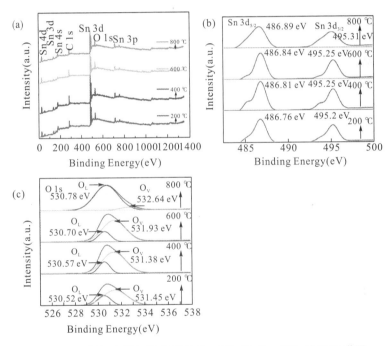

图 5.10　不同温度脱氧处理后 SnSe-NSs/SnO$_2$-NPs 的 XPS 谱图：
(a) 全谱图；(b) Sn 3d 高分辨光谱；(c) O1s 高分辨光谱

通过 O 1s 的 XPS 谱图 [图 5.10（c）] 观察了 SnSe-NSs/SnO$_2$-NPs 壳层中 O 元素的变化。如图 5.10（c）所示，通过 Peakfit 软件对 O 1s 的 XPS 谱图进行分峰拟合，在不同温度下经过脱氧处理后 SnSe-NSs/SnO$_2$-NPs 的 O 1s 均可分为位于 530.81 eV 附近和 532.25 eV 附近的两个高斯峰。其中，结合能位于 530.81 eV 附近的高斯峰，归属于与 Sn^{4+} 结合并形成 Sn—O 键的晶格氧（O_L）[188,240]；而结合能位于 532.25 eV 附近的高斯峰，归属于缺陷氧（O_V）[241-242]。在 200～600 ℃的温度区间内，随着脱氧处理温度的变化，可以发现，缺陷氧与晶格氧的比例呈现出逐渐增大的趋势，其中 SnSe－NSs/SnO_2－NPs 在 600 ℃脱氧处理 1 h 后，缺陷氧的峰强度最高，说明其氧空位浓度最大。随着脱氧处理温度继续升高到 800 ℃，SnSe－NSs/SnO_2－NPs 中的缺陷氧的峰强度急剧降低。

为进一步确定脱氧处理后 SnSe－NSs/SnO_2－NPs 中的氧空位情况，采用电子顺磁共振谱（EPR），对 200～600 ℃进行脱氧处理 1 h 后异质结 SnSe－NSs/SnO_2－NPs 样品中的氧空位作了测定，结果如图 5.11 所示。图 5.11 清晰地展示了 SnSe－NSs/SnO_2－NPs 经过 200～600 ℃热处理后，当朗德因子 $g=2.003$ 时，均出现强烈且对称的特征峰，这些峰被认定为束缚单电子型氧空位的特征峰[243-244]。说明经过 200～600 ℃脱氧处理 1 h 后的 SnSe－NSs/SnO_2－NPs 均能产生氧空位。同时，图中还可以观察到随着热处理温度的升高，氧空位特征峰的信号强度逐渐增大，其中，SnSe－NSs/SnO_2－NPs 在经过 600 ℃热处理后，其 EPR 特征峰的信号强度最大，这与 XPS 的检测结果相一致。

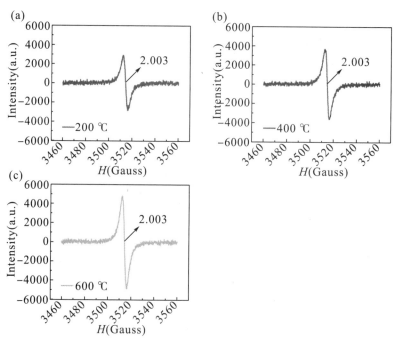

图 5.11 不同温度脱氧处理后 SnSe－NSs/SnO_2－NPs 的 EPR 谱图：
(a) 200 ℃；(b)；400 ℃和 (c) 600 ℃

采用光致发光谱（PL）对在氩气氛下，经过 200~600 ℃脱氧处理 1 h 后的核壳型异质结 SnSe−NSs/SnO$_2$−NPs 进行表面氧空位研究，结果如图 5.12 所示。不同温度热处理后的核壳型异质结 SnSe−NSs/SnO$_2$−NPs 在 320 nm 的光激发下，在 400~600 nm 波段范围内均有三个明显的信号峰，分别位于 450 nm、470 nm 和 514 nm 处。其中，位于 450 nm 和 514 nm 处的信号峰归属于二氧化锡中的氧空位，是激发态的电子从氧空位的缺陷能级跃迁到价带（VB）引起的[30,241]，位于 470 nm 处的信号峰是间隙锡原子发射。一般情况下，PL 信号越强，峰值越高，缺陷越多，相反峰值越低，则缺陷相对较少[245]。因此，实验结果表明核壳型异质结 SnSe−NSs/SnO$_2$−NPs 经过 600 ℃热处理 1 h 后其信号峰强度最强，且具有多个可见光区域的信号峰，因此其拥有最多的表面缺陷。

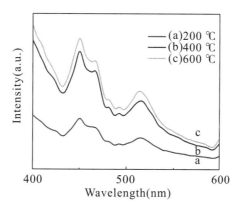

图 5.12　不同温度脱氧处理后 SnSe−NSs/SnO$_2$−NPs 的 PL 图谱：
(a) 200 ℃；(b)；400 ℃和 (c) 600 ℃

5.2.3　核壳结构异质结 SnSe−NSs/SnO$_2$−NPs 的光吸收性能

使用紫外−可见吸收光谱（UV−Vis）对 SnSe−NSs，在空气氛围中 140 ℃氧化 6 h 后的样品 SnSe−NSs/SnO$_2$−NPs，以及在氩气氛中于 600 ℃脱氧处理 1 h 后的核壳结构异质结 SnSe−NSs/SnO$_2$−NPs 的光吸收性质进行了研究，结果如图 5.13 所示。图 5.13 中的曲线 a 主要来自 SnSe 的带−带吸收（SnSe 的禁带宽度 E_g 约为 1.5 eV）。而氧化之后的核壳结构异质结，由于具有一定厚度的 SnO$_2$ 起到了阻挡光吸收的作用，因此 SnSe−NSs/SnO$_2$−NPs 在整个光谱测试波长范围内（300~800 nm）光吸收强度有所降低。但是由于 SnO$_2$ 氧化层的厚度适当，部分光子可以穿过氧化层到达内核从而被 SnSe 吸收，因此 SnSe−NSs/SnO$_2$−NPs 在 300~800 nm 的范围内依然表现出宽光谱吸收，如图 5.13 中曲线 b 和曲线 c 所示。同时，从图 5.13 中的曲线 b 和曲线 c 可以观察到,随着光子能量的增大,SnSe−NSs/SnO₂−NPs 的吸收强度增强,说明由内核 SnSe 吸收逐渐转变为 SnO₂ 和 SnSe 双重吸收。此外,在 600 ℃经过氩气氛脱氧处理后,SnSe−NSs/SnO₂−NPs 的光吸收强度略微有所增强,如图 5.13 中曲线 c 所示。这可能是因为引入的氧空位,可以在 SnO₂ 的禁带中引入了一个施主能级,从而减小了禁带宽度[246],所以当光子能量相同时,经过氩气氛脱氧处理后的 SnSe−NSs/SnO₂−NPs 表现出更强的光吸收性能。

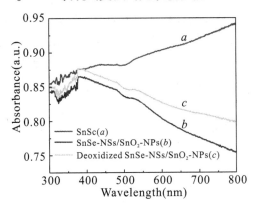

图 5.13 SnSe−NSs 和氩气氛脱氧处理前后 SnSe−NSs/SnO₂−NPs 的紫外−可见吸收光谱

5.2.4 核壳结构异质结 SnSe−NSs/SnO₂−NPs 的光生载流子分离特性

为了进一步验证核壳型异质结 SnSe−NSs/SnO₂−NPs 的载流子迁移特性。采用电化学阻抗(EIS)技术,对 SnSe−NSs,氩气氛脱氧处理前后的 SnSe−NSs/SnO₂−NPs 进行研究,其电化学阻抗谱 Nyquist 图如图 5.14 所示。

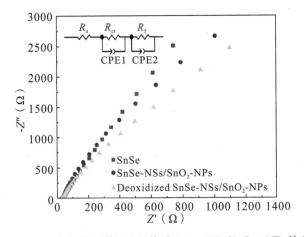

图 5.14 SnSe−NSs 和氩气氛脱氧处理前后 SnSe−NSs/SnO₂−NPs 的 Nyquist 图

通常而言，在 Nyquist 图中，半圆的半径越小，表明电荷转移越快[247]。从图 5.14 可以看出，氩气氛脱氧处理后的 SnSe−NSs/SnO$_2$−NPs 具有最小的半圆半径，表明氧空位核壳型异质结 SnSe−NSs/SnO$_2$−NPs 具有最好的光生载流子分离能力。采用 ZView 软件对氧空位核壳型异质结 SnSe−NSs/SnO$_2$−NPs 的 EIS 实验数据进行拟合，得到其等效电路模型，如图 5.14 所示。该等效电路模型中，R_s、R_{ct} 和 R_f 分别代表溶液体系中的溶液电阻、电荷转移阻抗和传质阻抗，CPE1 和 CPE2 分别代表电极/电解液之间的界面电容和双电层电容[234]。通过拟合后获得 SnSe−NSs 和氩气氛脱氧处理前后 SnSe−NSs/SnO$_2$−NPs 核壳型异质结的等效电路元件模拟参数值见表 5.1。从表中模拟参数值可知，氩气氛脱氧处理后的 SnSe−NSs/SnO$_2$−NPs 的电荷转移阻抗值最小，说明表面氧空位有助于光生载流子分离能力的增加，因此氩气氛脱氧处理后具有氧空位的 SnSe−NSs/SnO$_2$−NPs 可能拥有较好的光催化活性。

表 5.1　SnSe−NSs 和氩气氛脱氧处理前后 SnSe−NSs/SnO$_2$−NPs 核壳型异质结等效电路元件模拟参数

样品	溶液电阻 R_s/Ω	电荷转移阻抗 R_{ct}/Ω	传质阻抗 R_f/Ω
SnSe	36.52	11310	97076
SnSe−NSs/SnO$_2$−NPs	36.32	8420	76728
Deoxidized SnSe−NSs/SnO$_2$−NPs	35.82	6808	47367

5.2.5　核壳结构异质结 SnSe−NSs/SnO$_2$−NPs 的光催化性能

通过可见光催化降解 MB 水溶液实验对 SnSe−NSs 和 Ar 气氛脱氧处理前后的 SnSe−NSs/SnO$_2$−NPs 的光催化性能进行研究，结果如图 5.15 所示。由图 5.15（a）和表 5.2 可知，在经过波长 400～830 nm 的模拟光源照射后，SnSe−NSs 和脱氧处理前后的 SnSe−NSs/SnO$_2$−NPs 对 MB 水溶液的降解率分别为 20.1%、50.4% 和 71.7%。表明形成的核壳结构异质结均有助于提高材料的光催化性能，其中经过脱氧处理后的 SnSe−NSs/SnO$_2$−NPs 的 MB 光催化降解效率最高，表现出最佳的光催化性能。

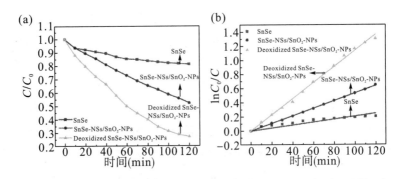

图 5.15 SnSe−NSs 和 Ar 气氛脱氧处理前后 SnSe−NSs/SnO$_2$−NPs 对
(a) 亚甲基蓝的光催化降解速率；(b) 光催化降解 MB 的 $\ln(C_0/C) \sim t$ 的关系曲线

运用 Langmuir−Hinshelwood 模型[200]得到的一级动力学方程（5−1）计算反应的动力学常数，对 SnSe 和氩气氛脱氧处理前后的 SnSe−NSs/SnO$_2$−NPs 三种催化剂在光催化亚甲基蓝水溶液的过程进行动力学分析。

$$\ln\left(\frac{C_0}{C}\right) = kKt = K_{app}t \qquad (5-1)$$

式中，C_0 为反应物的初始浓度；K_{app} 为一阶反应动力学常数。

图 5.15（b）为按照式（5−1）拟合得到样品可见光催化降解 MB 的反应动力学曲线。其中，R^2 值的大小可以反映出线性拟合程度与光催化反应之间的关系，当 R^2 值越大，说明其相关性越高。

由表 5.2 可知，SnSe−NSs/SnO$_2$−NPs 的 $R^2 > 0.9$，表明 SnSe−NSs/SnO$_2$−NPs 的反应动力学曲线拟合程度与光催化反应之间相关度高，呈现出良好的线性关系。由式（5−1）可知，SnSe 和氩气氛脱氧处理前后的 SnSe−NSs/SnO$_2$−NPs 三种催化剂的反应动力学常数 K_{app} 值分别为 0.207×10^{-2}、0.533×10^{-2} 和 1.133×10^{-2} min^{-1}。其中经氩气氛脱氧处理后 SnSe−NSs/SnO$_2$−NPs 的 K_{app} 值最大，进一步说明了表面氧空位核壳型 SnSe−NSs/SnO$_2$−NPs 异质结材料具有最好的光催化性能。

结合以上分析结果，具有较高的氧空位浓度、宽的可见光吸收范围和良好的光生载流子分离能力，能使核壳型异质结 SnSe−NSs/SnO$_2$−NPs 具有更好的光催化性能。

表 5.2 SnSe−NSs 和 Ar 氛围脱氧处理前后 SnSe−NSs/SnO$_2$−NPs 对亚甲基蓝染料的反应动力学常数和降解率

样品	R^2	K_{app}/min	降解率/%
SnSe−NSs	0.96376	0.207×10^{-2}	20.1
SnSe−NSs/SnO$_2$−NPs	0.99983	0.533×10^{-2}	50.4
DeoxidizedSnSe−NSs/SnO$_2$−NPs	0.99895	1.133×10^{-2}	71.7

通过循环降解亚甲基蓝（MB）水溶液测试实验，可研究氩气氛脱氧处理后的核壳型异质结 SnSe−NSs/SnO$_2$−NPs 的稳定性。图 5.16 展示了以表面氧空位核壳型异质结 SnSe−NSs/SnO$_2$−NPs 为光催化剂，进行 4 次循环降解实验后的测试结果。由图可知，SnSe−NSs/SnO$_2$−NPs 对 MB 溶液的降解率分别为 70.8%、65.02%、65.1% 和 65.6%。由此说明，具有氧空位的 SnSe−NSs/SnO$_2$−NPs 核壳型异质结的光催化效率在连续 4 次循环试验后显示出轻微下降，但是除第一次外的后面 3 次的光催化活性基本趋于一致，说明核壳结构异质结 SnSe−NSs/SnO$_2$−NPs 具有良好的光催化稳定性；同时该结构的光催化性能较第 4 章的催化剂 SS−700 ℃ 的性能有一定程度的提高。

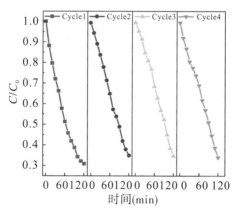

图 5.16 表面氧空位核壳型异质结 SnSe−NSs/SnO$_2$−NPs 光催化降解 MB 的稳定性

5.2.6 核壳结构异质结 SnSe−NSs/SnO$_2$−NPs 光催化降解机理分析

采用经过氩气氛脱氧处理的核壳型异质结 SnSe−NSs/SnO$_2$−NPs 作为光催化剂，通过活性物质捕获，以评价在该催化剂体系中，不同活性物质对催化降解 MB 水溶液时的贡献程度。在本节研究中，依然采用对苯醌（BQ）、三乙醇胺（TEOA）、异丙醇（IPA）三种物质作为捕获·O_2^-、h^+以及·OH三类活性物质的捕获剂。图 5.17 是添加捕获剂后，表面氧空位核壳型异质结 SnSe-NSs/SnO$_2$-NPs 复合材料对 MB 的催化降解图。从图 5.17 中可以观察到，在分别添加异丙醇和对苯醌后，核壳结构异质结 SnSe-NSs/SnO$_2$-NPs 的光催化活性均大大降低，120 min 后其对 MB 降解率分别为 11%、32%，但是在添加三乙醇胺后，MB 降解率为 64%。以上结果说明·OH 在核壳型异质结 SnSe-NSs/SnO$_2$-NPs 在降解 MB 的过程中起主要作用，其次是·O_2^-、h^+在光催化过程中起辅助作用。

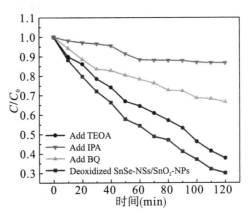

图 5.17 添加捕获剂后核壳型异质结 SnSe-NSs/SnO$_2$-NPs 对 MB 的催化降解图

基于以上分析，图 5.18 展示了模拟可见光下具有表面氧空位型核壳结构异质结 SnSe-NSs/SnO$_2$-NPs 的光催化机理。因为 SnO$_2$ 的费米能级低于 SnSe，容易形成由 SnO$_2$ 指向 SnSe 的内建电场，当异质结 SnSe-NSs/SnO$_2$-NPs 受到光激发时，在内建电场的驱动下，SnSe 的光生电子可以飘移到 SnO$_2$ 的 CB 上，从而实现光生电子 e^- 的有效分离；同时通过在氩气氛保护下脱氧，成功在核壳结构异质结的壳层 SnO$_2$ 中引入了氧空位。由于氧空位的存在，在 SnO$_2$ 的带隙中靠近导带底的方向，被额外引入了一个施主能级，使得其带隙值减小。因此，在波长≥400 nm 的模拟光源照射下，SnSe-NSs/SnO$_2$-NPs 中的 SnO$_2$ 也能被激发，与单一的 SnSe 相比，该异质结复合材料能够提供更多的光生载流子。同理，受到内建电场的影响作用，因 SnO$_2$ 激发而产生的光生空穴也可以汇集到 SnSe 的 VB 上，使得载流子复合的概率进一步降低。

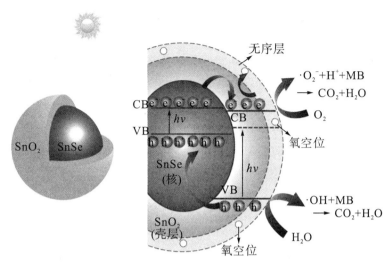

图 5.18　模拟可见光下表面氧空位型核壳异质结
SnSe−NSs/SnO$_2$−NPs 光催化机理

同时，壳层 SnO$_2$ 表面有一层无序层，上面分布着较丰富的表面氧空位，表面氧空位的存在有助于吸附 H$_2$O 分子，而且在氧空位的作用下，H$_2$O 分子被解离而迅速羟基化[248]，从而有助于光催化降解有机物反应的进行。此外，导带上的光生电子在转移至表面的过程中，可以被无序层中的氧空位捕获，由于光生电子数量的减少，这意味着 SnSe−NSs/SnO$_2$−NPs 中光生 h$^+$ 与 e$^-$ 的复合程度通过这种方式被有效降低。因此，在核壳异质结构和表面氧空位结构的协同作用下，光生电子可以与吸附在壳层 SnO$_2$−NPs 表面的 O$_2$ 反应形成超氧阴离子自由基（·O$_2^-$），·O$_2^-$ 再与水结合形成 ·OH。光生空穴也可与吸附在壳层 SnO$_2$−NPs 表面的水或者 OH$^-$ 形成 ·OH。由于 ·OH 具有强氧化性，使 MB 被氧化成 CO$_2$ 和 H$_2$O 等小分子。

5.3　本章小结

（1）由平均厚度为 210 nm 纳米片自主装而成的，尺寸大小为 15～25 μm 的花状 SnSe，通过溶剂热法被制备合成。

（2）以花状 SnSe 为前驱材料，采用原位氧化法，制备了具有花状结构的表面氧空位核壳型异质结 SnSe−NSs/SnO$_2$−NPs 复合材料。通过控制氧化时间，实现了壳层 SnO$_2$ 厚度在 2～26 nm 的调控。

（3）通过在氩气氛中控制脱氧处理温度，实现了核壳型异质结 SnSe−

NSs/SnO$_2$-NPs 表面氧空位浓度的调控。通过 UV-Vis 分析发现，由于核壳结构异质结和表面氧空位结构的存在，花状结构含表面氧空位的核壳型异质结 SnSe-NSs/SnO$_2$-NPs 对波长为 300~800 nm 区域的光表现出了较强的光吸收性能；同时通过 EIS 分析发现，该异质结复合材料的电荷转移阻抗小。

（4）在模拟光源照射 120 min 后，含表面氧空位的核壳型异质结 SnSe-NSs/SnO$_2$-NPs 催化剂对 MB 的光催化降解效率可达约 70%，同时表现出良好的光催化稳定性。实验还发现，在可见光催化降解 MB 过程中，具有强氧化性的·OH 是该催化剂促进 MB 降解的主要活性物种。

6 SnSe/SnO$_2$@rGO复合材料的制备及光催化性能

半导体材料可以与碳族材料复合构成类肖特基结[120]。在类肖特基结的作用下，半导体受光激发产生的电子会迁移到碳族材料表面形成活性基团，从而提高材料的光催化性能[249]。因此基于半导体－碳族材料异质结结构，以进一步增强复合材料光催化活性的研究越来越多，如石墨烯－SnO$_2$/聚苯胺（PANI）[250]，S－SnSe/氧化石墨烯（GO）[161]，碳纳米管（CNTs）－SnO$_2$[251]。其中，具有薄片状形貌结构的氧化石墨烯（GO），因为可以提供缺陷和丰富的活性氧官能团，能够有效地提高复合材料的光催化效率[252]，同时还能够作为载体给金属氧化物提供支撑[253-254]，因此被研究人员积极关注。

然而，这些研究绝大部分都是在紫外光的条件下展开的，并且完全被氧化的GO并不具备导电性。研究表明，在高温环境中，GO的还原程度与温度成正相关关系，随着GO还原程度的提升，GO的导电能力也不断增强[255-256]。例如，KIM[257]利用热氧化还原GO获得了导电性较好的还原氧化石墨烯（rGO）。因此，研究rGO与半导体形成的可见光响应型光催化复合材料是很有现实意义的。

本章在SnSe/SnO$_2$异质结的基础上，采取简单的坩埚硒化法以制备SnSe/SnO$_2$@rGO多组份异质结。通过SnSe、SnO$_2$分别与rGO形成异质结的方式，利用rGO的电子受体作用和吸附效应，以进一步增强复合材料在可见光驱动下的光催化降解性能。

6.1 样品制备

本章使用的氧化石墨烯通过改进后的Hummer法制备，具体过程（图6.1）如下：①以纯化的石墨粉（99%）为原料，精准称量1 g石墨粉，在冰水浴的环境中，将石墨与H$_2$SO$_4$（92 mL）和HNO$_3$（24 mL）的混合物进行剧烈搅拌；②在温度不高于20 ℃的环境中，缓慢添加KMnO$_4$（6 g）并不断搅拌，添加完毕后继续搅拌混合溶液 15 min；③将蒸馏水（100 mL）缓慢添加到混合物溶液中，并使用水浴加热法加热溶液至 85 ℃后保温 30 min，直至获得亮黄色悬浮液；④将 H_2O_2（10 mL）缓慢倒入混合溶液中去除多余的高锰酸钾，然后离心获得反应物，依次使用体积比为 10% 的 HCl 和蒸馏水对反应物进行洗涤，直到其 pH 为 7.0；⑤在 60 ℃下，将洗后的反应物放置的真空干燥箱中干燥 48 h 后得到 GO。

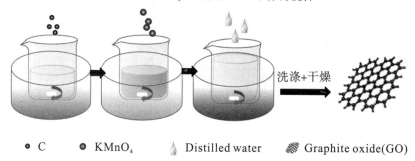

图 6.1　氧化石墨合成工艺示意图

制备 Sn_3O_4@GO 的过程如下：①将 690 mg 的 Sn_3O_4 加入 40 mL 的去离子水中形成混合溶液，通过磁力搅拌使 Sn_3O_4 混合溶液分散均匀；②将 200 mg 的氧化石墨烯加入 20 mL 的去离子水中，采用超声波激发液体空化效应的方式分散该混合物，以形成均匀的分散液；③称取十六烷基三甲基溴化铵（CTAB）20 mg，并加入 10 mL 去离子水形成混合物，同样利用超声波的空化作用形成均匀的 CTAB 分散液；④在磁力搅拌下，先将氧化石墨烯分散液滴入 Sn_3O_4 混合液中，再将 CTAB 分散液缓慢滴入氧化石墨烯和 Sn_3O_4 的混合液中，搅拌 5 h 后获得反应物；⑤采用离心、去离子水和乙醇先后洗涤的方式去除反应物的杂质，然后将反应物放置于 60 ℃的真空干燥箱中进行干燥 48 h，获得 Sn_3O_4@GO。

先将制备的 Sn_3O_4@GO 放入刚玉坩埚中，再将该坩埚置于管式炉中，采用第 3 章所述的坩埚硒化法，在氩气氛保护下，于 700 ℃硒化处理 4 h，然后随炉自然冷却至室温获得所需的催化剂。

6.2 结果与讨论

6.2.1 样品的物相结构及化学价态

图 6.2 为反应获得样品的 XRD 谱图。图 6.2 中的曲线 a 是 Sn_3O_4@GO 的 XRD 谱图，其衍射峰均与三斜晶系的 Sn_3O_4 标准衍射峰（JCPDS：16-0737）的相匹配。图 6.2 中曲线 b 和曲线 c 分别是 Sn_3O_4@GO 和 Sn_3O_4 在 700 ℃ 硒化后获得产物的 XRD 谱图。产物的衍射峰包含了正交相 SnSe（JCPDS：48-1224）和金红石相 SnO_2（JCPDS：41-1445）的衍射峰。由此初步推测，Sn_3O_4 与 GO 混合后获得了 Sn_3O_4@GO，Sn_3O_4@GO 和 Sn_3O_4 于 700 ℃ 硒化后，分别获得了 SnSe/SnO_2@rGO 和 SnSe/SnO_2（记为 SS-700 ℃）。

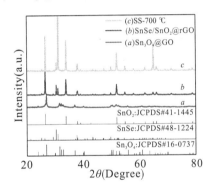

图 6.2 样品的 XRD 谱图

通过 XPS 对 SnSe/SnO_2@rGO 的元素组成和化学价态进行了分析，结果如图 6.3 所示。图 6.3（a）是 SnSe/SnO_2@rGO 的全谱图，从中可以清晰地观察到 Sn、C、O、Se 的峰。在 SnSe/SnO_2@rGO 全谱图中，峰值位于 284.8 eV 结合能处的峰对应于 C—C 键，说明碳是以氧化石墨的形态存在。其中显示的 C 1s 峰强度较前几章的 Sn_3O_4、SnSe/SnO_2 的 XPS 结果中的 C 1s 峰强度更强，可以推测复合物中存在 rGO，因此 SnSe/SnO_2@rGO 存在高强度的 C 1s 峰。

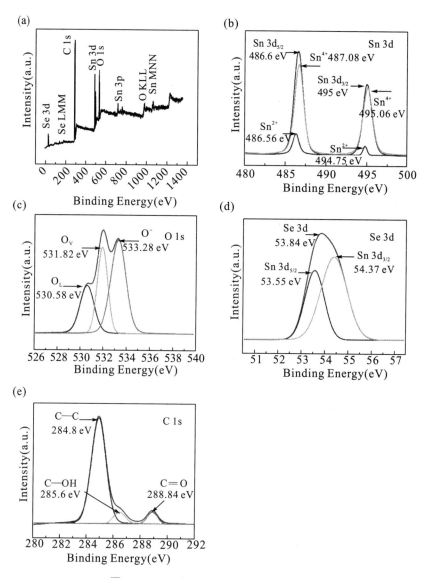

图 6.3　SnSe/SnO$_2$@rGO 的 XPS 谱图：
(a) 全谱；(b) Sn 3d 高分辨光谱；(c) O 1s 高分辨光谱；
(d) Se 3d 高分辨光谱；(e) C 1s 高分辨光谱

如图 6.3（b）所示，Sn 3d 峰是由 Sn 3d$_{5/2}$（486.6 eV）和 Sn 3d$_{3/2}$（495 eV）两个峰组成。Sn 3d 两峰的间距为 8.4 eV。对其进行分峰拟合，Sn 3d$_{5/2}$ 的主峰可以分解为位于 486.56 eV 和 487.08 eV 的高斯峰，而 Sn 3d$_{3/2}$ 的主峰可以分解为位于 494.75 eV 和 495.06 eV 的高斯峰，这是源于 Sn 的两

种不同化学状态。其中位于 494.75 eV 和 486.56 eV 处的峰对应 Sn^{4+}，归属于 Sn—O 键，而位于 495.06 eV 和 487.08 eV 处的峰对应于 Sn^{2+}，归属于 Sn—Se 键。

图 6.3（c）是 SnSe/SnO$_2$@rGO 异质结构 O 1s 的 XPS 谱。从图 6.3（c）观察到，O 1s 的 XPS 谱通过分峰后拟合，O 1s 的特征峰可以分为结合能位于 530.58 eV、531.82 eV 和 533.28 eV 处的三个高斯峰。其中，530.58 eV 处较低的高斯峰，对应晶格氧（O$_L$）结合 Sn^{4+}，代表着 SnO$_2$ 中氧元素的存在[188,240]，531.82 eV 处的高斯峰对应缺陷氧（O$_V$）[241,242]，而 533.28 eV 处的高斯峰归因于 O$^-$ 等吸附物种[258]。

图 6.3（d）是 SnSe/SnO$_2$@rGO 异质结构 Se 3d 的 XPS 谱图。经过分峰拟合后，位于 53.84 eV 处 Se 3d 的特征峰可以分为峰值位于 53.55 eV 和 54.37 eV 处的两个高斯峰，这两个高斯峰分别对应于 Se 3d$_{5/2}$ 和 Se 3d$_{3/2}$，表明化合物中 Se 以 Se^{2-} 的形式存在[226,259]。如图 6.3（e）所示，经过高斯分峰后拟合，C 1s 的特征峰可以分为峰值位置分别位于 284.8 eV、285.6 eV 和 288.84 eV 的三个高斯峰。其中位于 284.8 eV 处，强度最强的高斯峰对应于 sp2 杂化的石墨 C 原子，归属于 C—C 键；位于 285.6 eV 处，强度最弱的高斯峰对应于 sp3 杂化 C 原子，归属于 C—OH 键；位于 288.84 eV 处的高斯峰归属于 C=O 键[260]，代表 rGO 中的碳元素。而 C—C 键，C—OH 键和 C=O 键的出现，说明其表面含有丰富的含氧官能团[188]。因此，Sn—O 和 Sn—Se 键合之间的相互作用表明 SnSe、SnO$_2$ 与氧化石墨存在较强的化学结合。同时，结合 O 1s 的 XPS 谱结果可知，该复合材料具有羧基、羟基等含氧官能团，这些含氧官能团可以与锡离子相互作用，有助于复合材料光催化性能的提升。

6.2.2 SnSe/SnO$_2$@rGO 复合材料的形貌特征

SnSe/SnO$_2$@rGO 的 EDS 的结果如图 6.4 所示。从图中可以清晰地观察到，产物是由 C、O、Sn 和 Se 元素组成，经测试 C、O、Sn 和 Se 元素的原子的百分含量分别为 60.4%、23.04%、11.78% 和 4.78%。

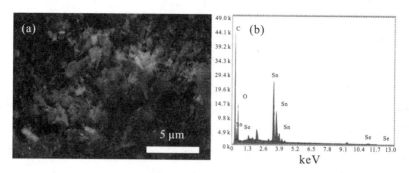

图 6.4　SnSe/SnO$_2$@rGO 的 EDS 谱图（a，b）

图 6.5 为 SnSe/SnO$_2$@rGO 材料的 TEM 和 HRTEM 图。从图 6.5（a）中可以发现 rGO 表面分散着直径为 20~100 nm 的圆形颗粒。图 6.5（b）高分辨照片中展示了 SnSe/SnO$_2$@rGO 具有晶面间距为 0.288 nm 的晶格条纹，对应于 SnSe（004）的晶面间距值，同时也具有 0.332 nm 的晶格条纹，这与 SnO$_2$（110）的晶面间距值相一致。该结果进一步说明 SnSe/SnO$_2$ 结合良好，且较好地分布在 rGO 上。

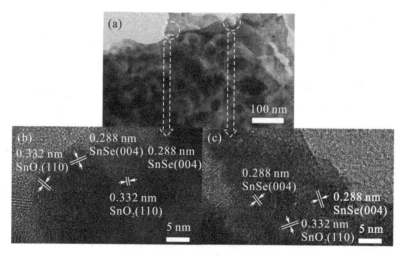

图 6.5　SnSe/SnO$_2$@rGO 的（a）TEM 及（b，c）HRTEM 图

SnSe/SnO$_2$@rGO 的形成过程如图 6.6 所示。Sn$_3$O$_4$ 与氧化石墨经过磁力搅拌混合后，Sn$_3$O$_4$ 纳米花均匀分散在 GO 基体上，于 700 ℃经过 4 h 的硒化处理后，使得 Sn$_3$O$_4$@GO 形成 SnSe/SnO$_2$@rGO 异质结构纳米复合材料。

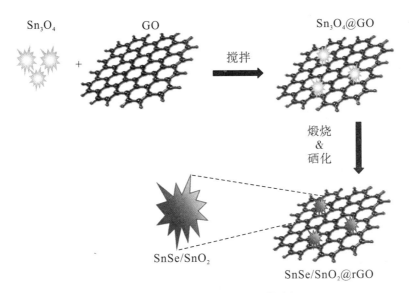

图 6.6　SnSe/SnO₂@rGO 形成过程

6.2.3　SnSe/SnO₂@rGO 复合材料的比表面积分析

SnSe/SnO₂@rGO 和 SS-700 ℃的吸附等温线如图 6.7 所示。从图中可以看出，在相对压力为 0~1.0 区间，SS-700 ℃和 SnSe/SnO₂@rGO 等温线上均出现一个较为明显的回滞环，根据 BDT（brunauer，deming，and teller）分类法可知，SnSe/SnO₂@rGO 和 SS-700 ℃的等温曲线符合典型的Ⅳ型等温线特征[197]。与 SS-700 ℃相比较，SnSe/SnO₂@rGO 在此压力区间内已经开始吸附氮气，其回滞环的面积更大，脱附-吸附曲线更陡峭，而且在起点处脱附-吸附曲线没有重合，表明 SnSe/SnO₂@rGO 的孔径较小，且吸附力强于 SS-700 ℃。

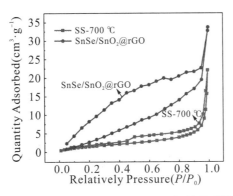

图 6.7　SnSe/SnO₂@rGO 和 SS-700 ℃的吸附等温线

SS-700 ℃和 SnSe/SnO$_2$@rGO 的比表面积和孔参数见表 6.1，SS-700 ℃ 和 SnSe/SnO$_2$@rGO 的比表面积分别为 3.638 m^2/g 和 6.178 m^2/g，孔的总容积分别为 0.996 cm^3/g 和 0.03 cm^3/g，平均孔径分别为 51.3 nm 和 19.3 nm。因为 SnSe/SnO$_2$ 分布在 rGO 中，所以 SnSe/SnO$_2$@rGO 纳米结构的比表面积大于比 SS-700 ℃的比表面积，同时 SnSe/SnO$_2$@rGO 的平均孔径比 SS-700 ℃ 的平均孔径更小。表明 SnSe/SnO$_2$@rGO 纳米结构可能有利于增强光催化性能。

表 6.1　SS-700 ℃和 SnSe/SnO$_2$@rGO 的比表面积、孔参数

样品	比表面积/(m^2·g^{-1})	孔体积/(cm^3·g^{-1})	孔径尺寸/nm
SS-700 ℃	3.638	0.996	51.3
SnSe/SnO$_2$@rGO	6.178	0.03	19.3

6.2.4　SnSe/SnO$_2$@rGO 复合材料的光吸收性能

图 6.8 是 SnSe/SnO$_2$@rGO 和 SS-700 ℃样品的紫外-可见吸收光谱。从紫外-可见吸收光谱可看到，在 300~800 nm 范围内，SS-700 ℃ 和 SnSe/SnO$_2$@rGO 对可见光均可响应。其中 SS-700 ℃对可见光响应的强度随着波长的增加而逐渐降低，其可见光的吸收带边出现在 750 nm 处，而 SnSe/SnO$_2$@rGO 对紫外光区和可见光区均有很强的吸收，这是由于 SnSe 是良好的光敏化剂，rGO 独特的结构具有优异的吸光性能，因此增强了 SnSe/SnO$_2$@rGO 对光的吸收。

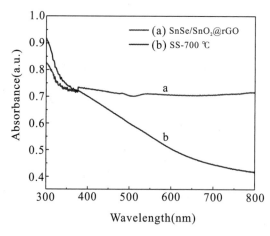

图 6.8　SnSe/SnO$_2$@rGO 和 SS-700 ℃样品的紫外-可见吸收光谱

结合样品的 UV-Vis 吸收特性，结合式（6-1）可估算 SS-700 ℃ 和 SnSe/SnO₂@rGO 的 E_g 值。

$$\lambda = \frac{1240}{E_g} \tag{6-1}$$

通过计算可知，SnSe/SnO₂@rGO 的带隙能明显小于 SS-700 ℃ 的带隙能。这是由于通过高温硒化处理，GO 被还原为 rGO，大量的含氧官能团随着 GO 被还原而消失，rGO 中一部分归属于 C—C 键的 sp^2 杂化 C 原子，通过键合可以形成共轭大 π 键[261]。该键具有对可见光响应的能力，从而能有效增强 SnSe/SnO₂@rGO 对可见光的利用率。此外，当形成 SnSe/SnO₂@rGO 异质结后，SnSe 价带与导带之间的带隙小，材料易被可见光激发，可以有助于提高复合材料光催化催化反应活性。以上分析结果表明，与 SS-700 ℃ 相比，SnSe/SnO₂@rGO 具有更小的禁带宽度值和较大的光学吸收系数，反映出 SnSe/SnO₂@rGO 能够吸收更多低能量的光子，有助于提高其光学吸收特性以及对于光的利用效率，进而可能使得复合材料具有较高的光催化性能。

6.2.5 SnSe/SnO₂@rGO 复合材料的光催化性能

图 6.9 是 SS-700 ℃ 和 SnSe/SnO₂@rGO 的可见光降解 MB 的降解率曲线和动力学曲线。图 6.9（a）显示了在可见光照射下降解 120 min 后，SnSe/SnO₂@rGO 对 MB 染料的降解率 91.2% 明显大于 SS-700 ℃ 对 MB 的降解率 61.6%。

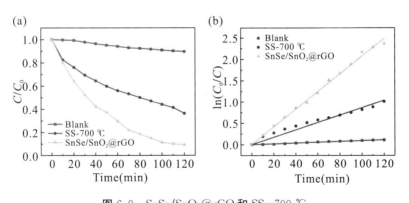

图 6.9　SnSe/SnO₂@rGO 和 SS-700 ℃
（a）光催化降解 MB 的降解率曲线；（b）光催化降解 MB 的动力学曲线

运用 Langmuir-Hinshelwood 模型[200]得到的一级动力学方程（6-2），对 SnSe-NSs/SnO₂-NPs-t 可见光催化亚甲基蓝水溶液的过程进行动力学分析。

$$\ln\left(\frac{C_0}{C}\right) = kKt = K_{app}t \quad (6-2)$$

式中，C_0 为反应物的初始浓度；t 为光照时间；K_{app} 为一阶反应动力学常数。

图 6.9（b）为按照式（6-2）拟合得到样品可见光催化降解 MB 的反应动力学曲线，R^2 值均大于 0.9，说明其线性拟合度较高。由式（6-2）可得到如表 6.2 所示的数据，SS-700 ℃ 和 SnSe/SnO$_2$@rGO 的反应动力学常数 K_{app} 分别为 $0.857×10^{-2}$ min^{-1} 和 $1.664×10^{-2}$ min^{-1}。SnSe/SnO$_2$@rGO 的 K_{app} 值几乎是 SS-700 ℃ 的 2 倍。这可能是由于 rGO 作为稳定的电子导体介质，有助于促进电荷载流子在没有复合的情况下从半导体快速转移到 rGO 表面，使得电子空穴对的复合被成功抑制[262]，因此 SnSe/SnO$_2$@rGO 展示了高效的可见光催化降解 MB 的特性。

表 6.2 SS-700 ℃、SnSe/SnO$_2$@rGO、Sn$_3$O$_4$ 及 SnSe-NSs/SnO$_2$-NPs-6h
对亚甲基蓝染料的反应动力学常数和降解率

样品	R^2	K_{app}/min^{-1}	降解率/%
Blank	0.994	$0.947×10^{-3}$	10.4
SS-700 ℃	0.986	$0.857×10^{-2}$	61.6
SnSe/SnO$_2$@rGO	0.993	$1.664×10^{-2}$	91.2
Sn$_3$O$_4$-25 mM	0.99431	$0.562×10^{-2}$	52.2
脱氧处理 SnSe-NSs/SnO$_2$-NPs	0.99895	$1.133×10^{-2}$	71.7

同时，SnSe/SnO$_2$@rGO 复合材料对 MB 的降解效率均大于前面各章中提到的花状 Sn$_3$O$_4$、SS-700 ℃ 及脱氧处理 SnSe-NSs/SnO$_2$-NPs 对 MB 染料的降解率（表 6.2），其动力学常数 K_{app} 值几乎是花状 Sn$_3$O$_4$ 的 3 倍、SS-700 ℃ 的 2 倍、脱氧处理 SnSe-NSs/SnO$_2$-NPs-6h 的 1.5 倍。

SnSe/SnO$_2$@rGO 光催化活性得到显著提高这一结果表明，SnSe 和 rGO 作为光敏化剂，拓展了复合材料的光吸收范围，增大了光子利用率。在受到可见光激发后，电子先由 SnSe 的价带激发到导带，然后 SnSe 导带上的电子会通过异质结转移至 SnO$_2$ 的导带或 rGO 上，从而实现有效分离光生载流子的效果；同时光生载流子还会定向地由 SnSe 和 SnO$_2$ 转移至 rGO，并与吸附的 O$_2$ 和 H$_2$O 发生反应生成活性自由基[263]。因此，SnSe/SnO$_2$@rGO 的异质结构具有较大的光子吸收能力和有效的光生载流子分离能力，能提高材料的光催化降解率。

由于成本效益原则，人们更倾向于使用时间长、成本低的催化剂，因此催化剂的可重复使用特性也是评价催化剂的一个重要指标。为此，通过设置 4 次连续循环来降解 MB 水溶液,以评价 SnSe/SnO₂@rGO 复合材料的可重复利用性,结果如图 6.10 所示。在每个实验循环中,以等量的 SnSe/SnO₂@rGO 复合材料为催化剂,每次循环后分别用蒸馏水和乙醇多次清洗,并在相同初始实验条件下在下一个循环中重复使用。经 4 次连续循环降解 MB 后,MB 染料的平均降解率接近 90%。此外,通过 XRD 和 SEM 对 4 次连续循环降解 MB 后的 SnSe/SnO₂@rGO 进行了表征,结果如图 6.11 所示。从图中可以清楚地看到,SnSe/SnO₂@rGO 复合材料的相结构和形貌在光催化降解 MB 前后没有明显变化。这些结果清楚地表明,合成的 SnSe/SnO₂@rGO 复合材料具有良好的稳定性和重复使用性。

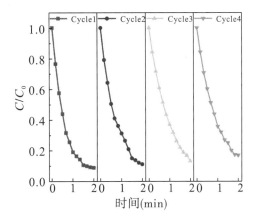

图 6.10　SnSe/SnO₂@rGO 光催化降解 MB 的循环稳定性

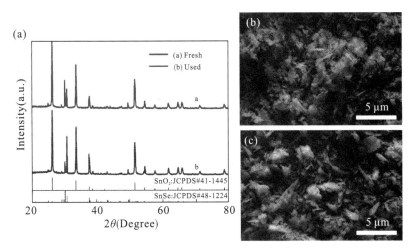

图 6.11　SnSe/SnO₂@rGO 光催化降解 MB
前后的 XRD 谱图（a）和 SEM 谱图（b,降解前;c,降解后）

6.2.6　SnSe/SnO$_2$@rGO 复合材料的光催化机理

本实验仍采用对苯醌（BQ）、三乙醇胺（TEOA）、异丙醇（IPA）三种物质分别对·O$_2^-$、h$^+$和·OH 三种活性基团进行捕获，以研究在 SnSe/SnO$_2$@rGO 复合材料光催化降解 MB 过程中不同活性物质对其催化降解性能的影响效果。如图 6.12 所示，当加入 TEOA，MB 水溶液经过 120 min 可见光降解后，SnSe/SnO$_2$@rGO 复合材料对 MB 的降解率约为 84.6%，与没有添加任何捕获剂的 SnSe/SnO$_2$@rGO 复合材料对 MB 的降解率（90.3%）相比较，没有太大变化。相比之下，当溶液中分别引入 IPA 和 BQ 时，SnSe/SnO$_2$@rGO 复合材料的光催化活性大大降低。当分别添加了 IPA 和 BQ 的 MB 水溶液经过 120 min 可见光降解后，SnSe/SnO$_2$@rGO 复合材料对 MB 水溶液的光降解效率分别降至 31.56% 和 53.25%，证明·OH 对 SnSe/SnO$_2$@rGO 复合材料光催化降解 MB 的影响效果最明显，其次是·O$_2^-$、h$^+$。

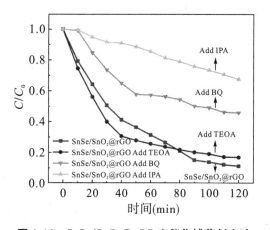

图 6.12　SnSe/SnO$_2$@rGO 光催化捕获剂实验

基于以上分析，笔者提出了 SnSe/SnO$_2$@rGO 的可见光催化机理，如图 6.13 所示。在 $\lambda \geqslant 400$ nm 的模拟光源照射下，SnSe 和 SnO$_2$ 价带中的电子共同被激发到导带，在 SnSe/SnO$_2$ 作用下，光生电子可以飘移至 SnO$_2$ 的 CB 或是 rGO 上。由于 rGO 的电子快速转移能力强，可以极大地抑制 e$^-$ 和 h$^+$ 的重组，进一步延长了光生载流子的寿命。同时，rGO 能够吸收更多低能量的光子，这有助于提高其光学吸收特性以及对于光的利用效率。因此在可见光照射下，受激发而产生的光生载流子参与氧化反应和还原反应并生成·OH，同时在·OH 的作用下，MB 染料被有效地氧化降解为 CO$_2$、H$_2$O 和副产物。

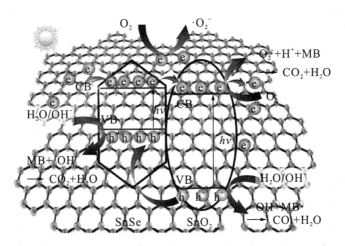

图 6.13 SnSe/SnO$_2$@rGO 复合材料光催化降解 MB 机理示意

6.3 本章小结

（1）通过一种简单有效的"两步法"在石墨烯上成功地合成了具有双重异质结的 SnSe/SnO$_2$@rGO 复合材料。实验结果表明，SnSe/SnO$_2$@rGO 异质结可被 300~800 nm 范围的光激发，表现出良好的光吸收能力。

（2）由于 SnSe、SnO$_2$、rGO 三者之间存在化学键的相互作用力，在可见光催化降解 MB 水溶液实验中，SnSe/SnO$_2$@rGO 在受 400~830 nm 的模拟光源辐射 120 min 后，对 MB 水溶液表现出高效的光催化降解能力（降解率＞90%），降解反应速率为 $1.664\times10^{-2}\,\text{min}^{-1}$。同时 SnSe/SnO$_2$@rGO 异质结还表现出具有良好的光催化稳定性。此外，结合自由基捕获实验可知，在 SnSe/SnO$_2$@rGO 可见光降解 MB 水溶液中，·OH 为主要的活性物种。

7 结论

本书基于 SnSe、SnO_2 和 rGO 良好的环境相容性，通过构建微纳结构以增大表面积、改进界面结构以提高光生载流子分离与转移效率等措施，制备出了微纳尺度的 SnSe/SnO_2 异质结、SnSe−NSs/SnO_2−NPs 核壳结构异质结和性能优异的异质结 SnSe/SnO_2@rGO 的复合材料，探讨了 SnO_2 基异质结复合材料中光生载流子分离与传输的路径及其可见光催化降解有机物的机理，并得到如下主要研究结论：

(1) 以 $SnSO_4$、$Na_3C_6H_5O_7$ 和 NaOH 为原料，在 160 ℃ 的水热条件下经 24 h 可以制备出约 2.6 μm 的花状 Sn_3O_4，它由厚度约 10 nm 的纳米片交叉组装而成，比表面积达到 65.6 m^2/g。

(2) 花状 Sn_3O_4 的带隙为 2.61 eV，在 40 W 模拟可见光源下对 MB 的降解率为 52.2%，经 4 次循环降解试验后光催化效率没有显著变化，物相组成和表面结构均没有被破坏，具有良好的光催化稳定性。

(3) 在花状 Sn_3O_4 催化降解亚甲基蓝的过程中，超氧自由基（·O_2^-）是主要活性物质，光生空穴起辅助作用。

(4) 花状 Sn_3O_4 经硒化反应可形成 $SnSe_2$/SnO_2 异质结或 SnSe/SnO_2 异质结结构，当硒化温度为 700 ℃ 时，能够获得单一的 SnSe/SnO_2 异质结复合材料。该材料保持了完整的花状结构，大小约为 15 μm，由长约 600 nm、厚约 300 nm 的纳米片组成。

(5) $SnSe_2$/SnO_2 异质结复合材料对 300~800 nm 范围的光有较强的吸收。SnSe/SnO_2 异质结复合材料对 300~800 nm 范围的光也有较强的吸收，属于交错带隙异质结，存在由 SnO_2 指向 SnSe 的内建电场，电荷转移电阻也较低，有利于光生载流子的高效分离与迁移。在 40 W 模拟可见光源照射下，SnSe/SnO_2 异质结材料的光催化降解 MB 的效率可达 63.7%，·OH 是该降解过程中的主要活性物质。

(6) 采用溶剂热法可以制备尺寸为 15~25 μm 花状 SnSe 材料，该材料由平均厚度约 210 nm 的纳米板自组装而成，低温热氧化后在花状 SnSe 表面生

成 SnO_2 颗粒，使其成为具有核壳结构的异质结 $SnSe-NSs/SnO_2-NPs$ 复合材料。控制氧化时间可使 SnO_2 壳层在 2~26 nm 之间可调，调控氧化气氛可控制 SnO_2 壳层中的氧空位浓度。

（7）含表面氧空位的核壳型异质结 $SnSe-NSs/SnO_2-NPs$ 复合材料具有较强的可见光吸收能力、更低的电荷转移电阻，在 40 W 模拟可见光下对 MB 的催化降解效率可达约 70%，光催化活稳定性较好，具有强氧化性的·OH 是促进该材料降解 MB 反应的主要原因。

（8）引入 rGO 可以构建具有双重异质结的 $SnSe/SnO_2@rGO$ 复合材料，该材料有良好的可见光吸收能力，在 40 W 模拟光源下，对 MB 的光催化降解率大于 90%，降解反应速率为 1.664×10^{-2} min^{-1}，是其他类型催化剂的 2~3 倍。经过 4 次循环降解后的降解率均在 90% 左右，具有良好的可重复利用特性。该降解过程中，·OH 是主要的活性物种。

参考文献

[1] LI X, YU J G. Water splitting by photocatalytic reduction [M]. Heidelberg: Springer, 2016.

[2] BECQUEREL M. Mémoire sur les effets électriques produits sous l'influence des rayons solaires [J]. Comptes rendus hebdomadaires des séances de l'Académie des Sciences, 1839, 9: 561−567.

[3] BRATTAIN W, GARRETT C. Experiments on the interface between germanium and an electrolyte [J]. Bell System Technical Journal, 1955, 34 (1): 129−176.

[4] FUJISHIMA A, HONDA K. Electrochemical photolysis of water at a semiconductor electrode [J]. Nature, 1972, 238 (5358): 37−38.

[5] CAREY J H, LAWRENCE J, TOSINE H M. Photodechlorination of PCB's in the presence of titanium dioxide in aqueous suspensions [J]. Bulletin of Environmental Contamination and Toxicology, 1976, 16 (6): 697−701.

[6] FRANK S N, BARD A J. Heterogeneous photocatalytic oxidation of cyanide ion in aqueous solutions at titanium dioxide powder [J]. Journal of the American Chemical Society, 1977, 99 (1): 303−304.

[7] GOMARI N, KAZEMINEZHAD I, GHAHFAROKHI S E M. Impact of morphology evolution of $ZnSn(OH)_6$ microcubes on photocatalytic activity of $ZnSn(OH)_6/SnO_2/rGO$ ternary nanocomposites for efficient degradation of organic pollutants [J]. Optical Materials, 2021, 113: 110878.

[8] OJHA N, BAJPAI A, KUMAR S. Enriched oxygenvacancies of $Cu_2O/SnS_2/SnO_2$ heterostructure for enhanced photocatalytic reduction of CO_2 by water and nitrogen fixation [J]. Journal of Colloid and Interface Science, 2021, 585: 764−777.

参考文献

[9] MALLIKARJUNA K, RAFIQUL BARI G A K M, VATTIKUTI S V P, et al. Synthesis of carbon-doped SnO_2 nanostructures for visible-light-driven photocatalytic hydrogen production from water splitting [J]. International Journal of Hydrogen Energy, 2020, 45 (57): 32789-32796.

[10] YANG Y, YANG X-A, LENG D, et al. Fabrication of $g-C_3N_4/SnS_2/SnO_2$ nanocomposites for promoting photocatalytic reduction of aqueous Cr(VI) under visible light [J]. Chemical Engineering Journal, 2018, 335: 491-500.

[11] BRASLAVSKY S E. Glossary of terms used in photochemistry, (IUPAC Recommendations 2006) [J]. Pure and Applied Chemistry, 2007, 79 (3): 293-465.

[12] SHEKOFTEH-GOHARI M, HABIBI-YANGJEH A, ABITORABI M, et al. Magnetically separable nanocomposites based on ZnO and their applications in photocatalytic processes: a review [J]. Critical Reviews in Environmental Science and Technology, 2018, 48 (10-12): 806-857.

[13] SUN T, LIU Y, SHEN L, et al. Magnetic field assisted arrangement of photocatalytic TiO_2 particles on membrane surface to enhance membrane antifouling performance for water treatment [J]. Journal of Colloid and Interface Science, 2020, 570: 273-285.

[14] AHMED B, OJHA A K, SINGH A, et al. Well-controlled in-situ growth of 2D WO_3 rectangular sheets on reduced graphene oxide with strong photocatalytic and antibacterial properties [J]. Journal of Hazardous Materials, 2018, 347: 266-278.

[15] LIANG B, ZHANG L, ZHANG T, et al. Synthesis and characterization of visible light-driven Cl-doped SnO_2 photocatalysts [J]. Journal of the Australian Ceramic Society, 2020, 56 (4): 1283-1289.

[16] HAN S, HU L, GAO N, et al. Efficient self-assembly synthesis of uniform CdS spherical nanoparticles-Au nanoparticles hybrids with enhanced photoactivity [J]. Advanced Functional Materials, 2014, 24 (24): 3725-3733.

[17] HOSSAIN M A, YANG G, PARAMESWARAN M, et al. Mesoporous

SnO$_2$ spheres synthesized by electrochemical anodization and their application in CdSe-sensitized solar cells [J]. The Journal of Physical Chemistry C, 2010, 114 (49): 21878-21884.

[18] 余家国. 新型太阳燃料光催化材料 [M]. 武汉: 武汉理工大学出版社, 2018.

[19] 蔡伟民, 龙明策. 环境光催化材料与光催化净化技术 [M]. 上海: 上海交通大学出版社, 2011.

[20] WRIGHTON M S, MORSE D L, ELLIS A B, et al. Photoassisted electrolysis of water by ultraviolet irradiation of an antimony doped stannic oxide electrode [J]. Journal of the American Chemical Society, 1976, 98 (1): 44-48.

[21] WANG H, ROGACH A L. Hierarchical SnO$_2$ nanostructures: recent advances in design, synthesis, and applications [J]. Chemistry of Materials, 2014, 26 (1): 123-133.

[22] WANG C, SHAO C, ZHANG X, et al. SnO$_2$ nanostructures-TiO$_2$ nanofibers heterostructures: controlled fabrication and high photocatalytic properties [J]. Inorganic Chemistry, 2009, 48 (15): 7261-7268.

[23] CHANG Y C, LIN J C, CHEN S Y, et al. Complex SnO$_2$ nanoparticles and nanosheets with enhanced visible-light photocatalytic activity [J]. Materials Research Bulletin, 2018, 100: 429-433.

[24] BHUVANESWARI K, PAZHANIVEL T, PALANISAMY G, et al. CTAB-aided surface-modified tin oxide nanoparticles as an enhanced photocatalyst for water treatment [J]. Journal of Materials Science: Materials in Electronics, 2020, 31 (9): 6618-6628.

[25] KUBO R. Generalized cumulant expansion method [J]. Journal of the Physical Society of Japan, 1962, 17 (7): 1100-1120.

[26] BRUS L E. A simple model for the ionization potential, electron affinity, and aqueous redox potentials of small semiconductor crystallites [J]. The Journal of Chemical Physics, 1983, 79 (11): 5566-5571.

[27] WANG H, DOU K, TEOH W Y, et al. Engineering of facets, band structure, and gas-sensing properties of hierarchical Sn^{2+}-doped SnO$_2$ nanostructures [J]. Advanced Functional Materials, 2013, 23 (38): 4847-4853.

[28] BHATTACHARJEE A, AHMARUZZAMAN M. Facile synthesis of SnO_2 quantum dots and its photocatalytic activity in the degradation of eosin Y dye: A green approach [J]. Materials Letters, 2015, 139: 418-421.

[29] KAR A, OLSZóWKA J, SAIN S, et al. Morphological effects on the photocatalytic properties of SnO_2 nanostructures [J]. Journal of Alloys and Compounds, 2019, 810: 151718.

[30] YANG Y, WANG Y, YIN S. Oxygen vacancies confined in SnO_2 nanoparticles for desirable electronic structure and enhanced visible light photocatalytic activity [J]. Applied Surface Science, 2017, 420: 399-406.

[31] LIU J, ZHANG Q, TIAN X, et al. Highly efficient photocatalytic degradation of oil pollutants by oxygen deficient SnO_2 quantum dots for water remediation [J]. Chemical Engineering Journal, 2021, 404: 127146.

[32] ZENG Z, XU R, ZHAO H, et al. Exploration of nanowire- and nanotube-based electrocatalysts for oxygen reduction and oxygen evolution reaction [J]. Materials Today Nano, 2018, 3: 54-68.

[33] HAN Y, WU X, MA Y, et al. Porous SnO_2 nanowire bundles for photocatalyst and Li ion battery applications [J]. CrystEngComm, 2011, 13 (10): 3506-3510.

[34] SADEGHZADEH-ATTAR A, BAFANDEH M. The effect of annealing temperature on the structure and optical properties of well-aligned 1D SnO_2 nanowires synthesized using template-assisted deposition [J]. CrystEngComm, 2018, 20 (4): 460-469.

[35] ALHARBI A, SHAH R K, SAYQAL A, et al. Facile hydrothermal synthesis of glutamine-assisted tin oxide nanorods for efficient photocatalytic degradation of crystal violet dye [J]. International Journal of Environmental Analytical Chemistry, 2022, 102 (19): 7647-7658.

[36] GAO C, LI X, LU B, et al. A facile method to prepare SnO_2 nanotubes for use in efficient SnO_2-TiO_2 core-shell dye-sensitized solar cells [J]. Nanoscale, 2012, 4 (11): 3475-3481.

[37] ZHAO D, WU X. Nanoparticles assembled SnO_2 nanosheet photocatalysts

for wastewater purification [J]. Materials Letters, 2018, 210: 354−357.

[38] ZHANG H, HU C. Effective solar absorption and radial microchannels of SnO_2 hierarchical structure for high photocatalytic activity [J]. Catalysis Communications, 2011, 14 (1): 32−36.

[39] MALIK R, TOMER V K, RANA P S, et al. Surfactant assisted hydrothermal synthesis of porous 3−D hierarchical SnO_2 nanoflowers for photocatalytic degradation of Rose Bengal [J]. Materials Letters, 2015, 154: 124−127.

[40] ZHANG X, ZHANG P, WANG L, et al. Template−oriented synthesis of monodispersed SnS_2@SnO_2 hetero-nanoflowers for Cr(VI) photoreduction [J]. Applied Catalysis B: Environmental, 2016, 192: 17−25.

[41] CHEN H, GUO A, HUANG S, et al. Enhanced removal of organic dyes from porous channel−like SnO_2 nanostructures [J]. Materials Research Express, 2017, 4 (5): 055019.

[42] WANG X, FAN H, REN P, et al. Homogeneous SnO_2 core-shell microspheres: Microwave−assisted hydrothermal synthesis, morphology control and photocatalytic properties [J]. Materials Research Bulletin, 2014, 50: 191−196.

[43] JIA B, JIA W, MA Y, et al. SnO_2 core-shell microspheres with excellent photocatalytic properties [J]. Science of Advanced Materials, 2012, 4 (7): 702−707.

[44] CHENG H E, LIN C Y, HSU C M. Fabrication of SnO_2−TiO_2 core−shell nanopillar−array films for enhanced photocatalytic activity [J]. Applied Surface Science, 2017, 396: 393−399.

[45] FARHADI A, MOHAMMADI M, GHORBANI M. On the assessment of photocatalytic activity and charge carrier mechanism of TiO_2@SnO_2 core−shell nanoparticles for water decontamination [J]. Journal of Photochemistry and Photobiology A: Chemistry, 2017, 338: 171−177.

[46] SHAHID M, SHAKIR I, YANG S J, et al. Facile synthesis of core-shell SnO_2/V_2O_5 nanowires and their efficient photocatalytic property [J]. Materials Chemistry and Physics, 2010, 124 (1): 619−622.

[47] FONSTAD C G, REDIKER R H. Electrical properties of high-quality stannic oxide crystals [J]. Journal of Applied Physics, 1971, 42 (7): 2911-2918.

[48] YANG L, HUANG J, SHI L, et al. Sb doped SnO_2 - decorated porous g-C_3N_4 nanosheet heterostructures with enhanced photocatalytic activities under visible light irradiation [J]. Applied Catalysis B: Environmental, 2018, 221: 670-680.

[49] YANG L, HUANG J, SHI L, et al. Efficient hydrogen evolution over Sb doped SnO_2 photocatalyst sensitized by Eosin Y under visible light irradiation [J]. Nano Energy, 2017, 36: 331-340.

[50] SOLTAN W B, AMMAR S, OLIVIER C, et al. Influence of zinc doping on the photocatalytic activity of nanocrystalline SnO_2 particles synthesized by the polyol method for enhanced degradation of organic dyes [J]. Journal of Alloys and Compounds, 2017, 729: 638-647.

[51] WU H, WANG J, CHEN R, et al. Zn-doping mediated formation of oxygen vacancies in SnO_2 with unique electronic structure for efficient and stable photocatalytic toluene degradation [J]. Chinese Journal of Catalysis, 2021, 42 (7): 1195-1204.

[52] OTHMEN W B H, SIEBER B, CORDIER C, et al. Iron addition induced tunable band gap and tetravalent Fe ion in hydrothermally prepared SnO_2 nanocrystals: Application in photocatalysis [J]. Materials Research Bulletin, 2016, 83: 481-490.

[53] ZHANG J, YE J, CHEN H, et al. One-pot synthesis of echinus-like Fe - doped SnO_2 with enhanced photocatalytic activity under simulated sunlight [J]. Journal of Alloys and Compounds, 2017, 695: 3318-3323.

[54] CHEN H, DING L, SUN W, et al. Synthesis and characterization of Ni doped SnO_2 microspheres with enhanced visible-light photocatalytic activity [J]. RSC Advances, 2015, 5 (69): 56401-56409.

[55] CHEN D, HUANG S, HUANG R, et al. Convenient fabrication of Ni - doped SnO_2 quantum dots with improved photodegradation performance for Rhodamine B [J]. Journal of Alloys and Compounds, 2019, 788: 929-935.

[56] BEN ALI M, BARKA-BOUAIFEL F, SIEBER B, et al. Preparation and characterization of Ni－doped ZnO－SnO_2 nanocomposites: Application in photocatalysis [J]. Superlattices and Microstructures, 2016, 91: 225-237.

[57] CHEN Y, JIANG Y, CHEN B, et al. Facile fabrication of N-doped carbon quantum dots modified SnO_2 composites for improved visible light photocatalytic activity [J]. Vacuum, 2021, 191: 110371.

[58] BHAWNA, GUPTA A, KUMAR P, et al. Facile synthesis of N-doped SnO_2 nanoparticles: A cocatalyst-free promising photocatalyst for hydrogen generation [J]. Chemistry Select, 2020, 5 (26): 7775-7782.

[59] GAO M, YANG H, GUO M, et al. Enhanced photoelectric performance of rutile SnO_2 by double-hole-assisted coupling of carbon and sulfur [J]. Electrochimica Acta, 2018, 289: 283-291.

[60] MA L, XU L, XU X, et al. One-pot hydrothermal synthesis of sulfur-doped SnO_2 nanoparticles and their enhanced photocatalytic properties [J]. Nano, 2016, 11 (3): 1650035.

[61] 徐剑, 黄水平, 王占山, 等. F掺杂SnO_2电子结构的模拟计算 [J]. 物理学报, 2007, 56 (12): 7195-7200.

[62] WANG X, XU M, LIU L, et al. Effects specific surface area and oxygen vacancy on the photocatalytic properties of mesoporous F doped SnO_2 nanoparticles prepared by hydrothermal method [J]. Journal of Materials Science: Materials in Electronics, 2019, 30 (17): 16110-16123.

[63] LI K, GAO S, WANG Q, et al. In-situ-reduced synthesis of Ti^{3+} self-doped TiO_2/g-C_3N_4 heterojunctions with high photocatalytic performance under LED light irradiation [J]. ACS Applied Materials & Interfaces, 2015, 7 (17): 9023-9030.

[64] WANG J, LI H, MENG S, et al. Controlled synthesis of Sn-based oxides via a hydrothermal method and their visible light photocatalytic performances [J]. RSC Advances, 2017, 7 (43): 27024-27032.

[65] FAN C-M, PENG Y, ZHU Q, et al. Synproportionation reaction for the fabrication of Sn^{2+} self-doped SnO_{2-x} nanocrystals with tunable

band structure and highly efficient visible light photocatalytic activity [J]. The Journal of Physical Chemistry C, 2013, 117 (46): 24157−24166.

[66] LONG J, XUE W, XIE X, et al. Sn^{2+} dopant induced visible−light activity of SnO_2 nanoparticles for H_2 production [J]. Catalysis Communications, 2011, 16 (1): 215−219.

[67] BARGOUGUI R, PICHAVANT A, HOCHEPIED J F, et al. Synthesis and characterization of SnO_2, TiO_2 and $Ti_{0.5}Sn_{0.5}O_2$ nanoparticles as efficient materials for photocatalytic activity [J]. Optical Materials, 2016, 58: 253−259.

[68] XU X, TONG Y, ZHANG J, et al. Investigation of lattice capacity effect on Cu^{2+}−doped SnO_2 solid solution catalysts to promote reaction performance toward NO − SCR with NH_3 [J]. Chinese Journal of Catalysis, 2020, 41 (5): 877−888.

[69] RAO C, LIU R, FENG X, et al. Three − dimensionally ordered macroporous SnO_2 − based solid solution catalysts for effective soot oxidation [J]. Chinese Journal of Catalysis, 2018, 39 (10): 1683−1694.

[70] HE R, XU D, CHENG B, et al. Review on nanoscale Bi − based photocatalysts [J]. Nanoscale Horiz, 2018, 3 (5): 464−504.

[71] NIKIFOROV A, TIMOFEEV V, MASHANOV V, et al. Formation of SnO and SnO_2 phases during the annealing of SnO_x films obtained by molecular beam epitaxy [J]. Applied Surface Science, 2020, 512.

[72] ZHANG F, LIAN Y, GU M, et al. Static and dynamic disorder in metastable phases of tin oxide [J]. The Journal of Physical Chemistry C, 2017, 121 (29): 16006−16011.

[73] CUI Y, WANG F, IQBAL M Z, et al. Synthesis of novel 3D SnO flower−like hierarchical architectures self−assembled by nano−leaves and its photocatalysis [J]. Materials Research Bulletin, 2015, 70: 784−788.

[74] LIANG B, HAN D, SUN C, et al. Synthesis of SnO/g−C_3N_4 visible light driven photocatalysts via grinding assisted ultrasonic route [J]. Ceramics International, 2018, 44 (6): 7315−7318.

[75] CHEN C, MEI W, WANG C, et al. Synthesis of a flower-like SnO/ZnO nanostructure with high catalytic activity and stability under natural sunlight [J]. Journal of Alloys and Compounds, 2020, 826.

[76] MANIKANDAN M, TANABE T, LI P, et al. Photocatalytic water splitting under visible light by mixed-valence Sn_3O_4 [J]. ACS Applied Materials & Interfaces, 2014, 6 (6): 3790-3793.

[77] TANABE T, HASHIMOTO M, MIBU K, et al. Synthesis of single phase Sn_3O_4: native visible-light-sensitive photocatalyst with high photocatalytic performance for hydrogen evolution [J]. Journal of Nanoscience and Nanotechnology, 2017, 17 (5): 3454-3459.

[78] BALGUDE S, SETHI Y, KALE B, et al. Sn_3O_4 microballs as highly efficient photocatalyst for hydrogen generation and degradation of phenol under solar light irradiation [J]. Materials Chemistry and Physics, 2019, 221: 493-500.

[79] HUDA A, ICHWANI R, HANDOKO C T, et al. Comparative photocatalytic performances towards acid yellow 17 (AY17) and direct blue 71 (DB71) degradation using Sn_3O_4 flower-like structure [J]. Journal of Physics: Conference Series, 2019, 1282 (1): 012097.

[80] WANG X, XU Q, LI M, et al. Photocatalytic overall water splitting promoted by an α-β phase junction on Ga_2O_3 [J]. Angewandte Chemie (International ed. in English), 2012, 124 (52): 13266-13269.

[81] ZHANG J, QIAO S Z, QI L, et al. Fabrication of NiS modified CdS nanorod p-n junction photocatalysts with enhanced visible-light photocatalytic H^{2-} production activity [J]. Physical Chemistry Chemical Physics, 2013, 15 (29): 12088-12094.

[82] LI Z, JIN D, WANG Z. ZnO/CdSe-diethylenetriamine nanocomposite as a step-scheme photocatalyst for photocatalytic hydrogen evolution [J]. Applied Surface Science, 2020, 529: 147071.

[83] PENG Z, JIANG Y, WANG X, et al. Novel $CdIn_2S_4$ nano-octahedra/TiO_2 hollow hybrid heterostructure: In-situ synthesis, synergistic effect and enhanced dual-functional photocatalytic activities [J]. Ceramics International, 2019, 45 (13): 15942-15953.

[84] LOW J, YU J, JARONIEC M, et al. Heterojunction photocatalysts [J].

Advanced Materials, 2017, 29 (20): 1601694.

[85] KAR A, KUNDU S, PATRA A. Photocatalytic properties of semiconductor SnO_2/CdS heterostructure nanocrystals [J]. RSC Advances, 2012, 2 (27): 10222−10230.

[86] KUZHALOSAI V, SUBASH B, SENTHILRAJA A, et al. Synthesis, characterization and photocatalytic properties of SnO_2−ZnO composite under UV−A light [J]. Spectrochimica Acta Part A: Molecular and Biomolecular Spectroscopy, 2013, 115: 876−882.

[87] VINODGOPAL K, KAMAT P V. Enhanced rates of photocatalytic degradation of an azo dye using SnO_2/TiO_2 coupled semiconductor thin films [J]. Environmental Science & Technology, 1995, 29 (3): 841−845.

[88] REN Y, ZENG D, ONG W J. Interfacial engineering of graphitic carbon nitride (g−C_3N_4)−based metal sulfide heterojunction photocatalysts for energy conversion: A review [J]. Chinese Journal of Catalysis, 2019, 40 (3): 289−319.

[89] PENG Y, YAN M, CHEN Q G, et al. Novel one−dimensional Bi_2O_3−Bi_2WO_6 p−n hierarchical heterojunction with enhanced photocatalytic activity [J]. Journal of Materials Chemistry A, 2014, 2 (22): 8517−8524.

[90] ZHU L, LI H, LIU Z, et al. Synthesis of the 0D/3D CuO/ZnO heterojunction with enhanced photocatalytic activity [J]. The Journal of Physical Chemistry C, 2018, 122 (17): 9531−9539.

[91] LIU L, SUN W, YANG W, et al. Post−illumination activity of SnO_2 nanoparticle−decorated Cu_2O nanocubes by H_2O_2 production in dark from photocatalytic "memory" [J]. Scientific Reports, 2016, 6: 20878.

[92] WU H, YUAN C, CHEN R, et al. Mechanisms of Interfacial Charge Transfer and Photocatalytic NO Oxidation on BiOBr/SnO_2 p−n Heterojunctions [J]. ACS Applied Materials Interfaces, 2020, 12 (39): 43741−43749.

[93] LI H, ZHOU Y, TU W, et al. State−of−the−art progress in diverse heterostructured photocatalysts toward promoting photocatalytic performance [J]. Advanced Functional Materials, 2015, 25 (7): 998−1013.

[94] SAYAMA K, YOSHIDA R, KUSAMA H, et al. Photocatalytic decomposition of water into H_2 and O_2 by a two-step photoexcitation reaction using a WO_3 suspension catalyst and an Fe^{3+}/Fe^{2+} redox system [J]. Chemical Physics Letters, 1997, 277 (4): 387-391.

[95] TADA H, MITSUI T, KIYONAGA T, et al. All-solid-state Z-scheme in CdS-Au-TiO_2 three-component nanojunction system [J]. Nature Materials, 2006, 5 (10): 782-786.

[96] LI D, HUANG J, LI R, et al. Synthesis of a carbon dots modified g-C_3N_4/SnO_2 Z-scheme photocatalyst with superior photocatalytic activity for PPCPs degradation under visible light irradiation [J]. Journal of Hazardous Materials, 2021, 401: 123257.

[97] IWASE A, NG Y H, ISHIGURO Y, et al. Reduced graphene oxide as a solid-state electron mediator in Z-scheme photocatalytic water splitting under visible light [J]. Journal of the American Chemical Society, 2011, 133 (29): 11054-11057.

[98] LI H, YU H, QUAN X, et al. Uncovering the key role of the fermi level of the electron mediator in a Z-scheme photocatalyst by detecting the charge transfer process of WO_3-metal-gC_3N_4 (metal= Cu, Ag, Au) [J]. ACS Applied Materials & Interfaces, 2016, 8 (3): 2111-2119.

[99] CHEN F, YANG Q, LI X, et al. Hierarchical assembly of graphene-bridged Ag_3PO_4/Ag/$BiVO_4$ (040) Z-scheme photocatalyst: An efficient, sustainable and heterogeneous catalyst with enhanced visible-light photoactivity towards tetracycline degradation under visible light irradiation [J]. Applied Catalysis B: Environmental, 2017, 200: 330-342.

[100] WU X, ZHAO J, WANG L, et al. Carbon dots as solid-state electron mediatorfor $BiVO_4$/CDs/CdS Z-scheme photocatalyst working under visible light [J]. Applied Catalysis B: Environmental, 2017, 206: 501-509.

[101] WANG Q, HISATOMI T, SUZUKI Y, et al. Particulate photocatalyst sheets based on carbon conductor layer for efficient Z-scheme pure-water splitting at ambient pressure [J]. Journal of the

American Chemical Society, 2017, 139 (4): 1675-1683.

[102] ZHOU P, YU J, JARONIEC M. All-solid-state Z-scheme photocatalytic systems [J]. Advanced Materials, 2014, 26 (29): 4920-4935.

[103] LOW J, JIANG C, CHENG B, et al. A review of direct Z-scheme photocatalysts [J]. Small Methods, 2017, 1 (5): 1700080.

[104] XU Q, ZHANG L, YU J, et al. Direct Z-scheme photocatalysts: Principles, synthesis, and applications [J]. Materials Today, 2018, 21 (10): 1042-1063.

[105] HUANG S, ZHANG J, QIN Y, et al. Direct Z-scheme SnO_2/$Bi_2Sn_2O_7$ photocatalyst for antibiotics removal: Insight on the enhanced photocatalytic performance and promoted charge separation mechanism [J]. Journal of Photochemistry and Photobiology A: Chemistry, 2021, 404: 112947.

[106] AHMED M, FAHMY A, ABUZAID M, et al. Fabrication of novel $AgIO_4$/SnO_2 heterojunction for photocatalytic hydrogen production through direct Z-scheme mechanism [J]. Journal of Photochemistry and Photobiology A: Chemistry, 2020, 400: 112660.

[107] BAMWENDA G R, TSUBOTA S, NAKAMURA T, et al. Photoassisted hydrogen production from a water-ethanol solution: A comparison of activities of Au TiO_2 and Pt TiO_2 [J]. Journal of Photochemistry and Photobiology A: Chemistry, 1995, 89 (2): 177-189.

[108] LI H, BIAN Z, ZHU J, et al. Mesoporous Au/TiO_2 nanocomposites with enhanced photocatalytic activity [J]. Journal of the American Chemical Society, 2007, 129 (15): 4538-4539.

[109] BABU B, KOUTAVARAPU R, HARISH V, et al. Novel in-situ synthesis of Au/SnO_2 quantum dots for enhanced visible-light-driven photocatalytic applications [J]. Ceramics International, 2019, 45 (5): 5743-5750.

[110] GAO G, JIAO Y, WACLAWIK E R, et al. Single atom (Pd/Pt) supported on graphitic carbon nitride as an efficient photocatalyst for visible-light reduction of carbon dioxide [J]. Journal of the American Chemical Society, 2016, 138 (19): 6292-6297.

[111] WANG H, ZHANG L, CHEN Z, et al. Semiconductor heterojunction photocatalysts: design, construction, and photocatalytic performances [J]. Chemical Society Reviews, 2014, 43 (15): 5234−5244.

[112] MENG X, LIU L, OUYANG S, et al. Nanometals for solar−to−chemical energy conversion: From semiconductor−based photocatalysis to plasmon−mediated photocatalysis and photo−thermocatalysis [J]. Advanced Materials, 2016, 28 (32): 6781−6803.

[113] HIRAKAWA T, KAMAT P V. Charge separation and catalytic activity of Ag@TiO_2 core − shell composite clusters under UV − irradiation [J]. Journal of the American Chemical Society, 2005, 127 (11): 3928−3934.

[114] MOHAMMAD A, KARIM M R, KHAN M E, et al. Biofilm−Assisted Fabrication of Ag@SnO_2−g−C_3N_4 Nanostructures for Visible Light−Induced Photocatalysis and Photoelectrochemical Performance [J]. The Journal of Physical Chemistry C, 2019, 123 (34): 20936−20948.

[115] SHOREH S K H, AHMADYARI−SHARAMIN M, GHAYOUR H, et al. Two−stage synthesis of SnO_2−Ag/$MgFe_2O_4$ nanocomposite for photocatalytic application [J]. Surfaces and Interfaces, 2021, 26: 101236.

[116] BABU B, CHO M, BYON C, et al. One pot synthesis of Ag−SnO_2 quantum dots for highly enhanced sunlight − driven photocatalytic activity [J]. Journal of Alloys and Compounds, 2018, 731: 162−171.

[117] HOFFMANN M R, MARTIN S T, CHOI W, et al. Environmental applications of semiconductor photocatalysis [J]. Chemical reviews, 1995, 95 (1): 69−96.

[118] XIANG Q, YU J, JARONIEC M. Graphene−based semiconductor photocatalysts [J]. Chemical Society Reviews, 2012, 41 (2): 782−796.

[119] GOMEZ − RUIZ B, RIBAO P, DIBAN N, et al. Photocatalytic degradation and mineralization of perfluorooctanoic acid (PFOA) using a composite TiO_2−rGO catalyst [J]. Journal of Hazardous Materials, 2018, 344: 950−957.

[120] CAO S, YU J. Carbon－based H_2－production photocatalytic materials [J]. Journal of Photochemistry and Photobiology C: Photochemistry Reviews, 2016, 27: 72-99.

[121] XIANG Q, CHENG B, YU J. Graphene－based photocatalysts for solar-fuel generation [J]. Angewandte Chemie International Edition, 2015, 54 (39): 11350-11366.

[122] LI N, CAO M, HU C. Review on the latest design of graphene－based inorganic materials [J]. Nanoscale, 2012, 4 (20): 6205-6218.

[123] WU H, YU S, WANG Y, et al. A facile one－step strategy to construct 0D/2D SnO_2/g－C_3N_4 heterojunction photocatalyst for high-efficiency hydrogen production performance from water splitting [J]. International Journal of Hydrogen Energy, 2020, 45 (55): 30142-30152.

[124] BAO Z, XING M, ZHOU Y, et al. Z－Scheme Flower－Like SnO_2/g－C_3N_4 Composite with Sn^{2+} Active Center for Enhanced Visible－Light Photocatalytic Activity [J]. Advanced Sustainable Systems, 2021, 2100087.

[125] SUN C, YANG J, ZHU Y, et al. Synthesis of 0D SnO_2 nanoparticles/2D g－C_3N_4 nanosheets heterojunction: improved charge transfer and separation for visible－light photocatalytic performance [J]. Journal of Alloys and Compounds, 2021, 871: 159561.

[126] HONG X, WANG R, LI S, et al. Hydrophilic macroporous SnO_2/rGO composite prepared by melamine template for high efficient photocatalyst [J]. Journal of Alloys and Compounds, 2020, 816: 152550.

[127] KIM S P, CHOI M Y, CHOI H C. Characterization and photocatalytic performance of SnO_2－CNT nanocomposites [J]. Applied Surface Science, 2015, 357: 302-308.

[128] PIRHASHEMI M, HABIBI－YANGJEH A. ZnO/$NiWO_4$/Ag_2CrO_4 nanocomposites with pnn heterojunctions: Highly improved activity for degradations of water contaminants under visible light [J]. Separation and Purification Technology, 2018, 193: 69-80.

[129] XU X, SI Z, LIU L, et al. CoMoS$_2$/rGO/C$_3$N$_4$ ternary heterojunctions catalysts with high photocatalytic activity and stability for hydrogen evolution under visible light irradiation [J]. Applied Surface Science, 2018, 435: 1296−1306.

[130] ZHANG N, XIE S, WENG B, et al. Vertically aligned ZnO−Au@CdS core−shell nanorod arrays as an all−solid−state vectorial Z−scheme system for photocatalytic application [J]. Journal of Materials Chemistry A, 2016, 4 (48): 18804−18814.

[131] RAN R, MENG X, ZHANG Z. Facilepreparation of novel graphene oxide − modified Ag$_2$O/Ag$_3$VO$_4$/AgVO$_3$ composites with high photocatalytic activities under visible light irradiation [J]. Applied Catalysis B: Environmental, 2016, 196: 1−15.

[132] YEH C−W, WU K−R, HUNG C−H, et al. Preparation of porous F−WO$_3$/TiO$_2$ films with visible−light photocatalytic activity by microarc oxidation [J]. International Journal of Photoenergy, 2012, 2012.

[133] SUN Y, JIANG J, CAO Y, et al. Facile fabrication of g−C$_3$N$_4$/ZnS/CuS heterojunctions with enhanced photocatalytic performances and photoconduction [J]. Materials Letters, 2018, 212: 288−291.

[134] HAMROUNI A, MOUSSA N, DI PAOLA A, et al. Photocatalytic activity of binary and ternary SnO$_2$ − ZnO − ZnWO$_4$ nanocomposites [J]. Journal of Photochemistry and Photobiology A: Chemistry, 2015, 309: 47−54.

[135] WU C, YAO K, GUAN Y, et al. Synthesis and annealing process of ultra−large SnS nanosheets for FTO/SnS/CdS/Pt photocathode [J]. Materials Science in Semiconductor Processing, 2019, 93: 208−214.

[136] XIA J, LI X Z, HUANG X, et al. Physical vapor deposition synthesis of two−dimensional orthorhombic SnS flakes with strong angle/temperature − dependent Raman responses [J]. Nanoscale, 2016, 8 (4): 2063−2070.

[137] ZHOU X, ZHOU N, LI C, et al. Vertical heterostructures based onSnSe$_2$/MoS$_2$ for high performance photodetectors [J]. 2D Materials, 2017, 4 (2): 025048.

[138] LINCAN F, KUANRONG H, QINGBO Y, et al. Adsorption and migration of Li-ion in layered $SnSe_2$: A first principle study [J]. Journal of University of Chinese Academy of Sciences, 2018, 35 (6): 735-742.

[139] DOU Y, LI J, XIE Y, et al. Lone-pair engineering: Achieving ultralow lattice thermal conductivity and enhanced thermoelectric performance in Al-doped GeTe-based alloys [J]. Materials Today Physics, 2021, 20: 100497.

[140] HUANG L, LU J, MA D, et al. Facile in situ solution synthesis of SnSe/rGO nanocomposites with enhanced thermoelectric performance [J]. Journal of Materials Chemistry A, 2020, 8 (3): 1394-1402.

[141] FEI R, LI W, LI J, et al. Giant piezoelectricity of monolayer group IV monochalcogenides: SnSe, SnS, GeSe, and GeS [J]. Applied Physics Letters, 2015, 107 (17): 173104.

[142] WIEDEMEIER H, GEORG H, VON SCHNERING G. Refinement of the structures of GeS, GeSe, SnS andSnSe [J]. Zeitschrift für Kristallographie-Crystalline Materials, 1978, 148 (3-4): 295-304.

[143] REDDY K R, REDDY N K, MILES R. Photovoltaic properties of SnS based solar cells [J]. Solar Energy Materials and Solar Cells, 2006, 90 (18-19): 3041-3046.

[144] ZHAO L D, TAN G, HAO S, et al. Ultrahigh power factor and thermoelectric performance in hole-doped single-crystal SnSe [J]. Science, 2016, 351 (6269): 141-144.

[145] BANIK A, SHENOY U S, ANAND S, et al. Mg alloying in SnTe facilitates valence band convergence and optimizes thermoelectric properties [J]. Chemistry of Materials, 2015, 27 (2): 581-587.

[146] MCDONALD S A, KONSTANTATOS G, ZHANG S, et al. Solution-processed PbS quantum dot infrared photodetectors and photovoltaics [J]. Nature Materials, 2005, 4 (2): 138-142.

[147] BOOLCHAND P, GROTHAUS J. Molecular structure of melt-quenched $GeSe_2$ and GeS_2 glasses compared [C]. New York: Springer New York, 1985.

[148] BRESSER W J, BOOLCHAND P, SURANYI P, et al. Molecular phase separation and cluster size in GeSe$_2$ glass [J]. Hyperfine Interactions, 1986, 27 (1): 389−392.

[149] ZHOU X, GAN L, TIAN W, et al. UltrathinSnSe$_2$ flakes grown by chemical vapor deposition for high−performance photodetectors [J]. Advanced Materials, 2015, 27 (48): 8035−8041.

[150] SEO J W, JANG J T, PARK S W, et al. Two−dimensional SnS$_2$ nanoplates with extraordinary high discharge capacity for lithium ion batteries [J]. Advanced Materials, 2008, 20 (22): 4269−4273.

[151] FRANZMAN M A, SCHLENKER C W, THOMPSON M E, et al. Solution − phase synthesis of SnSe nanocrystals for use in solar cells [J]. Journal of the American Chemical Society, 2010, 132 (12): 4060−4061.

[152] CHENG K, GUO Y, HAN N, et al. Lateral heterostructures of monolayer group − IV monochalcogenides: band alignment and electronic properties [J]. Journal of Materials Chemistry C, 2017, 5 (15): 3788−3795.

[153] HUANG Y, CHEN X, WANG C, et al. Layer−dependent electronic properties of phosphorene−like materials and phosphorene−based van der Waals heterostructures [J]. Nanoscale, 2017, 9 (25): 8616−8622.

[154] ASHIQ M N, IRSHAD S, EHSAN M F, et al. Visible−light active tin selenide nanostructures: synthesis, characterization and photocatalytic activity [J]. New Journal of Chemistry, 2017, 41 (23): 14689−14695.

[155] KARAMAT N, ASHIQ M N, EHSAN M F, et al. Synthesis and characterization of LaSmTiZrO$_7$ − SnSe composite for visible − light induced photocatalytic mineralization of Monoazo dyes [J]. Journal of Alloys and Compounds, 2016, 689: 94−106.

[156] SHIRAVIZADEH A G, YOUSEFI R, ELAHI S M, et al. Effects of annealing atmosphere and rGO concentration on the optical properties and enhanced photocatalytic performance of SnSe/rGO nanocomposites [J]. Physical Chemistry Chemical Physics, 2017, 19 (27): 18089−18098.

[157] ABD EL−RAHMAN K, DARWISH A, EL−SHAZLY E. Electrical

and photovoltaic properties of SnSe/Si heterojunction [J]. Materials Science in Semiconductor Processing, 2014, 25: 123-129.

[158] SARAY A M, ZARE-DEHNAVI N, JAMALI-SHEINI F, et al. Type-II p(SnSe)-n(g-C_3N_4) heterostructure as a fast visible-light photocatalytic material: Boosted by an efficient interfacial charge transfer of pn heterojunction [J]. Journal of Alloys and Compounds, 2020, 829: 154436.

[159] CHEN P, DAI X, XING P, et al. Microwave heating assisted synthesis of novel SnSe/g-C_3N_4 composites for effective photocatalytic H_2 production [J]. Journal of Industrial and Engineering Chemistry, 2019, 80: 74-82.

[160] JANG K, LEE I-Y, XU J, et al. Colloidal synthesis of SnSe nanocolumns through tin precursor chemistry and their optoelectrical properties [J]. Crystal Growth & Design, 2012, 12 (7): 3388-3391.

[161] KHARATZADEH E, MASHARIAN S R, YOUSEFI R. Comparison of the photocatalytic performance of S-SnSe/GO and SnSe/S-GO nanocomposites for dye photodegradation [J]. Materials Research Bulletin, 2021, 135: 111127.

[162] TS RAO A C. Photoconductive relaxation studies of SnSe thin films [J]. Bulletin of Materials Science, 1996, 19 (3): 499-453.

[163] KAUR D, BAGGA V, BEHERA N, et al. SnSe/SnO_2 nanocomposites: novel material for photocatalytic degradation of industrial waste dyes [J]. Advanced Composites and Hybrid Materials, 2019, 2 (4): 763-776.

[164] LI Z, SUN L, LIU Y, et al. SnSe@SnO_2 core-shell nanocomposite for synchronous photothermal - photocatalytic production of clean water [J]. Environmental Science: Nano, 2019, 6 (5): 1507-1515.

[165] KARPURARANJITH M, CHEN Y, WANG X, et al. Hexagonal SnSe nanoplate supported SnO_2 - CNTs nanoarchitecture for enhanced photocatalytic degradation under visible light driven [J]. Applied Surface Science, 2020, 507.

[166] KAUR M, MUTHE KP, DESPANDE S K, et al. Growth and branching of CuO nanowires by thermal oxidation of copper [J].

Journal of Crystal Growth, 2006, 289 (2): 670-675.

[167] GETINO J, GUTIERREZ J, ARES L, et al. Integrated sensor array for gas analysis in combustion atmospheres [J]. Sensors and Actuators B: Chemical, 1996, 33 (1-3): 128-133.

[168] OPREA A, MORETTON E, BARSAN N, et al. Conduction model of SnO_2 thin films based on conductance and Hall effect measurements [J]. Journal of Applied Physics, 2006, 100 (3): 033716.

[169] CARRAWAY E R, HOFFMAN A J, HOFFMANN M R. Photocatalytic oxidation of organic acids on quantum-sized semiconductor colloids [J]. Environmental Science & Technology, 1994, 28 (5): 786-793.

[170] WANG D, HAN D, SHI Z, et al. Optimized design of three-dimensional multi-shell $Fe_3O_4/SiO_2/ZnO/ZnSe$ microspheres with type II heterostructure for photocatalytic applications [J]. Applied Catalysis B: Environmental, 2018, 227: 61-69.

[171] LI C, YU S, DONG H, et al. Z-scheme mesoporous photocatalyst constructed by modification of Sn_3O_4 nanoclusters on $g-C_3N_4$ nanosheets with improved photocatalytic performance and mechanism insight [J]. Applied Catalysis B: Environmental, 2018, 238: 284-293.

[172] MäKI-JASKARI M A, RANTALA T T. Possible structures of nonstoichiometric tinoxide: the composition Sn_2O_3 [J]. Modelling and Simulation in Materials Science and Engineering, 2003, 12 (1): 33.

[173] SEKO A, TOGO A, OBA F, et al. Structure and stability of a homologous series of tin oxides [J]. Physical Review Letters, 2008, 100 (4): 045702.

[174] BROVELLI S, CHIODINI N, LORENZI R, et al. Fully inorganic oxide-in-oxide ultraviolet nanocrystal light emitting devices [J]. Nature Communications, 2012, 3 (1): 1-9.

[175] LAWSON F. Tin oxide—Sn_3O_4 [J]. Nature, 1967, 215 (5104): 955-956.

[176] SHVALAGIN V, GRODZYUK G Y, SHVETS A, et al. Photochemical reduction of silver and tetrachloroaurate Ions on the surface of nanostructured

Sn_3O_4 under the influence of visible light [J]. Theoretical and Experimental Chemistry, 2015, 51 (3): 177-182.

[177] HU J, TU J, LI X, et al. Enhanced UV-visible light photocatalytic activity by constructing appropriate heterostructures between mesopore TiO_2 nanospheres and Sn_3O_4 nanoparticles [J]. Nanomaterials, 2017, 7 (10): 336.

[178] CHANG S, SANG Y, LIU H. Efficient photocatalytic degradation of RhB by constructing Sn_3O_4 nanoflakes on sulfur-doped $NaTaO_3$ nanocubes [J]. Crystals, 2021, 11 (1): 59.

[179] LIAO L, HUANG W, CAI F, et al. Hydrothermal synthesis of hierarchical flower-like Sn_3O_4 nanomaterial for high-photocatalytic properties [J]. ECS Journal of Solid State Science and Technology, 2020, 9 (9): 093007.

[180] WHITE B, YIN M, HALL A, et al. Complete CO oxidation over Cu_2O nanoparticles supported on silica gel [J]. Nano Letters, 2006, 6 (9): 2095-2098.

[181] FARHADI A, MOHAMMADI M R, GHORBANI M. On the assessment of photocatalytic activity and charge carrier mechanism of TiO_2@SnO_2 core-shell nanoparticles for water decontamination [J]. Journal of Photochemistry and Photobiology A: Chemistry, 2017, 338: 171-177.

[182] GU F, WANG S F, Lü M K, et al. Photoluminescence properties of SnO_2 nanoparticles synthesized by sol-gel method [J]. The Journal of Physical Chemistry B, 2004, 108 (24): 8119-8123.

[183] CHEN Y, ZHU C, CAO M, et al. Photoresponse of SnO_2 nanobelts grown in situ on interdigital electrodes [J]. Nanotechnology, 2007, 18 (28): 285502.

[184] SUZUKI H, AWA K, NAYA S-I, et al. Heat treatment effect of a hybrid consisting of SnO_2 nanorod and rutile TiO_2 with heteroepitaxial junction on the photocatalytic activity [J]. Catalysis Communications, 2020, 147: 106148.

[185] MU J, MIAO H, LIU E, et al. Enhanced light trapping and high charge transmission capacities of novel structures for efficient

photoelectrochemical water splitting [J]. Nanoscale, 2018, 10 (25): 11881-11893.

[186] YU X, ZHAO Z, SUN D, et al. Microwave-assisted hydrothermal synthesis of Sn_3O_4 nanosheet/rGO planar heterostructure for efficient photocatalytic hydrogen generation [J]. Applied Catalysis B: Environmental, 2018, 227: 470-476.

[187] WANG S, YANG J, ZHANG H, et al. One-pot synthesis of 3D hierarchical SnO_2 nanostructures and their application for gas sensor [J]. Sensors and Actuators B: Chemical, 2015, 207: 83-89.

[188] UDDIN M T, NICOLAS Y, OLIVIER C, et al. Nanostructured SnO_2-ZnO heterojunction photocatalysts showing enhanced photocatalytic activity for the degradation of organic dyes [J]. Inorganic Chemistry, 2012, 51 (14): 7764-7773.

[189] CHEN X, SHEN S, GUO L, et al. Semiconductor-based photocatalytic hydrogen generation [J]. Chemical Reviews, 2010, 110 (11): 6503-6570.

[190] LIU J, WANG C, YANG Q, et al. Hydrothermal synthesis and gas-sensing properties of flower-like Sn_3O_4 [J]. Sensors and Actuators B: Chemical, 2016, 224: 128-133.

[191] CHEN X, HUANG Y, ZHANG K, et al. Novel hierarchical flowers-like Sn_3O_4 firstly used as anode materials for lithium ion batteries [J]. Journal of Alloys and Compounds, 2017, 690: 765-770.

[192] YU X, ZHANG J, ZHAO Z, et al. $NiO-TiO_2$ p-n heterostructured nanocables bridged by zero-bandgap rGO for highly efficient photocatalytic water splitting [J]. Nano Energy, 2015, 16: 207-217.

[193] PENG Y, MAO Y G, KAN P F, et al. Controllable synthesis and photoreduction performance towards Cr (Ⅵ) of BiOCl microrods with exposed (110) crystal facets [J]. New Journal of Chemistry, 2018, 42 (20): 16911-16918.

[194] PENG Y, MAO Y G, KAN P F. One dimensional hierarchical BiOCl microrods: their synthesis and their photocatalytic performance [J].

CrystEngComm, 2018, 20 (48): 7809-7817.

[195] PENN R L, BANFIELD J F. Imperfect oriented attachment: dislocation generation in defect-free nanocrystals [J]. Science, 1998, 281 (5379): 969-971.

[196] BANFIELD J F, WELCH S A, ZHANG H, etal. Aggregation-based crystal growth and microstructure development in natural iron oxyhydroxide biomineralization products [J]. Science, 2000, 289 (5480): 751-754.

[197] SING K S. Reporting physisorption data for gas/solid systems with special reference to the determination of surface area and porosity (Recommendations 1984) [J]. Pure and Applied Chemistry, 1985, 57 (4): 603-619.

[198] BHATTACHARJEE A, AHMARUZZAMAN M, SINHA T. A novel approach for the synthesis of SnO_2 nanoparticles and its application as a catalyst in the reduction and photodegradation of organic compounds [J]. Spectrochimica Acta Part A: Molecular and Biomolecular Spectroscopy, 2015, 136: 751-760.

[199] SASIKALA R, SHIROLE A, SUDARSAN V, et al. Highly dispersed phase of SnO_2 on TiO_2 nanoparticles synthesized by polyol-mediated route: photocatalytic activity for hydrogen generation [J]. International Journal of Hydrogen Energy, 2009, 34 (9): 3621-3630.

[200] TERZIAN R, SERPONE N, MINERO C, et al. Photocatalyzed mineralization of cresols in aqueous media with irradiated titania [J]. Journal of Catalysis, 1991, 128 (2): 352-365.

[201] LUO C, LI D, WU W, et al. Preparation of 3D reticulated ZnO/CNF/NiO heteroarchitecture for high-performance photocatalysis [J]. Applied Catalysis B: Environmental, 2015, 166: 217-223.

[202] BI Y, HU H, JIAO Z, et al. Two-dimensional dendritic Ag_3PO_4 nanostructures and their photocatalytic properties [J]. Physical Chemistry Chemical Physics, 2012, 14 (42): 14486-14488.

[203] HO W, JIMMY C Y, LEE S. Synthesis of hierarchical nanoporous F-doped TiO_2 spheres with visible light photocatalytic activity [J]. Chemical Communications, 2006, (10): 1115-1117.

[204] SONG G, LUO C, FU Q, et al. Hydrothermal synthesis of the novel rutile-mixed anatase TiO_2 nanosheets with dominant {001} facets for high photocatalytic activity [J]. RSC Advances, 2016, 6 (87): 84035-84041.

[205] GAUTAM A, KSHIRSAGAR A, BISWAS R, et al. Photodegradation of organic dyes based on anatase and rutile TiO_2 nanoparticles [J]. RSC Advances, 2016, 6 (4): 2746-2759.

[206] GOODALL J B, KELLICI S, ILLSLEY D, et al. Optical and photocatalytic behaviours of nanoparticles in the Ti-Zn-O binary system [J]. Rsc Advances, 2014, 4 (60): 31799-31809.

[207] CHEN X, ZHOU B, YANG S, et al. In situ construction of an SnO_2/gC_3N_4 heterojunction for enhanced visible-light photocatalytic activity [J]. Rsc Advances, 2015, 5 (84): 68953-68963.

[208] LI J, YIN Y, LIU E, et al. In situ growing Bi_2MoO_6 on $g-C_3N_4$ nanosheets with enhanced photocatalytic hydrogen evolution and disinfection of bacteria under visible light irradiation [J]. Journal of Hazardous Materials, 2017, 321: 183-192.

[209] JIANG H, HU J, GU F, et al. Hydrothermal synthesis of novel In_2O_3 microspheres for gas sensors [J]. Chemical Communications, 2009, (24): 3618-3620.

[210] SOBCZYŃSKI A, DUCZMAL Ł, ZMUDZIŃSKI W. Phenol destruction by photocatalysis on TiO_2: An attempt to solve the reaction mechanism [J]. Journal of Molecular Catalysis A: Chemical, 2004, 213 (2): 225-230.

[211] LORENZ M, RAO M R, VENKATESAN T, et al. The 2016 oxide electronic materials and oxide interfaces roadmap [J]. Journal of Physics D: Applied Physics, 2016, 49 (43): 433001.

[212] CHU W, ZHENG Q, PREZHDO O V, et al. Low-frequency lattice phonons in halide perovskites explain high defect tolerance toward electron-hole recombination [J]. Science Advances, 2020, 6 (7): 7453.

[213] MURAKAMI S-Y, KOMINAMI H, KERA Y, et al. Evaluation of electron-hole recombination properties of titanium (IV) oxide

particles with high photocatalytic activity [J]. Research on Chemical Intermediates, 2007, 33 (3): 285−296.

[214] LIU Z, SUN D D, GUO P, et al. An efficient bicomponent TiO$_2$/SnO$_2$ nanofiber photocatalyst fabricated by electrospinning with a side-by-side dual spinneret method [J]. Nano Letters, 2007, 7 (4): 1081−1085.

[215] LAMBA R, UMAR A, MEHTA S, et al. Well-crystalline porous ZnO−SnO$_2$ nanosheets: An effective visible-light driven photocatalyst and highly sensitive smart sensor material [J]. Talanta, 2015, 131: 490−498.

[216] CHEN K, WANG X, WANG G, et al. A new generation of high performance anode materials with semiconductor heterojunction structure of SnSe/SnO$_2$@Gr in lithium-ion batteries [J]. Chemical Engineering Journal, 2018, 347: 552−562.

[217] KAUR D, BAGGA V, BEHERA N, et al. SnSe/SnO$_2$ nanocomposites: novel material for photocatalytic degradation of industrial waste dyes [J]. Advanced Composites and Hybrid Materials, 2019, 2 (4): 763−776.

[218] GUO R, WANG X, KUANG Y, et al. First-principles study of anisotropic thermoelectric transport properties of Ⅳ−Ⅵ semiconductor compounds SnSe and SnS [J]. Physical Review B, 2015, 92 (11): 115202.

[219] GUAN M L, MA D K, HU S W, et al. From hollow olive-shaped BiVO$_4$ to n−p core-shell BiVO$_4$@Bi$_2$O$_3$ microspheres: Controlled synthesis and enhanced visible-light-responsive photocatalytic properties [J]. Inorganic Chemistry, 2011, 50 (3): 800−805.

[220] LI Z, SUN L, LIU Y, et al. SnSe@SnO$_2$ core-shell nanocomposite for synchronous photothermal-photocatalytic production of clean water [J]. Environmental Science: Nano, 2019, 6 (5): 1507−1515.

[221] BLETSKAN D I. Phase equilibrium in binary systems AIVBVI [J]. Journal of Ovonic Research, 2005, 1 (5): 61−69.

[222] COLIN R, DROWART J. Thermodynamic study of tin selenide and tin telluride using a mass spectrometer [J]. Transactions of the Faraday Society, 1964, 60: 673−683.

[223] WIEDEMEIER H, PULTZ G. Equilibrium sublimation and thermodynamic properties of SnSe and SnSe$_2$ [J]. Zeitschrift für norganische und allgemeine Chemie, 1983, 499 (4): 130−144.

[224] CAHEN S, DAVID N, FIORANI J, et al. Thermodynamic modelling of the O−Sn system [J]. Thermochimica Acta, 2003, 403 (2): 275−285.

[225] SHARMA R, CHANG Y. The Se−Sn (selenium−tin) system [J]. Bulletin of alloy phase diagrams, 1986, 7 (1): 68−72.

[226] WANG J, LU C, LIU X, et al. Synthesis of tin oxide (SnO&SnO$_2$) micro/nanostructures with novel distribution characteristic and superior photocatalytic performance [J]. Materials & Design, 2017, 115: 103−111.

[227] ZHANG Y C, YAO L, ZHANG G, et al. One − step hydrothermal synthesis of high − performance visible − light − driven SnS$_2$/SnO$_2$ nanoheterojunction photocatalyst for the reduction of aqueous Cr (Ⅵ) [J]. Applied Catalysis B: Environmental, 2014, 144: 730−738.

[228] LU D, YUE C, LUO S, et al. Phase controllable synthesis of SnSe and SnSe$_2$ films with tunable photoresponse properties [J]. Applied Surface Science, 2021, 541: 148615.

[229] XU W, LI M, CHEN X, et al. Synthesis of hierarchical Sn$_3$O$_4$ microflowers self−assembled by nanosheets [J]. Materials Letters, 2014, 120: 140−142.

[230] WANG B, MA L, SUN C, et al. Solid−state optoelectronic device based on TiO$_2$/SnSe$_2$ core − shell nanocable structure [J]. Optical Materials Express, 2017, 7 (10): 3691−3696.

[231] MA L L, CUI Z D, LI Z Y, et al. The fabrication of SnSe/Ag nanoparticles on TiO$_2$ nanotubes [J]. Materials Science and Engineering: B, 2013, 178 (1): 77−82.

[232] GOMES W, VANMAEKELBERGH D. Impedance spectroscopy at semiconductor electrodes: Review and recent developments [J]. Electrochimica Acta, 1996, 41 (7−8): 967−973.

[233] WANG S, PAN L, SONG J−J, et al. Titanium−defected undoped anatase TiO$_2$ with p − type conductivity, room − temperature ferromagnetism, and remarkable photocatalytic performance [J].

Journal of the American Chemical Society, 2015, 137 (8): 2975-2983.

[234] DURSUN S, KAYA I C, KALEM V, et al. UV/visible light active $CuCrO_2$ nanoparticle-SnO_2 nanofiber p-n heterostructured photocatalysts for photocatalytic applications [J]. Dalton Transactions, 2018, 47 (41): 14662-14678.

[235] XU Y, SCHOONEN M A. The absolute energy positions of conduction and valence bands of selected semiconducting minerals [J]. American Mineralogist, 2000, 85 (3-4): 543-556.

[236] 朱永法, 姚文清, 宗瑞隆. 光催化: 环境净化与绿色能源应用探索 [M]. 北京: 化学工业出版社, 2014.

[237] WANG Y, LI N, ZHAO H, et al. Synthesis of SnO_2-nanoparticle-decorated SnSe nanosheets and their gas-sensing properties [J]. AIP Advances, 2021, 11 (7): 075022.

[238] ARETOULI K E, TSOUTSOU D, TSIPAS P, et al. Epitaxial 2D $SnSe_2$/2D WSe_2 van der Waals Heterostructures [J]. ACS Applied Materials Interfaces, 2016, 8 (35): 23222-23229.

[239] SUN M, SU Y, DU C, et al. Self-doping for visible light photocatalytic purposes: construction of $SiO_2/SnO_2/SnO_2$: Sn^{2+} nanostructures with tunable optical and photocatalytic performance [J]. RSC Advances, 2014, 4 (58): 30820-30827.

[240] HUANG J, LIU Y, WU Y, et al. Influence of Mn doping on the sensing properties of SnO_2 nanobelt to ethanol [J]. American Journal of Analytical Chemistry, 2017, 8 (1): 60-71.

[241] KUMAR V, KUMAR V, SOM S, et al. The role of surface and deep-level defects on the emission of tin oxide quantum dots [J]. Nanotechnology, 2014, 25 (13): 135701.

[242] CHENG L, MA S, LI X, et al. Highly sensitive acetone sensors based on Y-doped SnO_2 prismatic hollow nanofibers synthesized by electrospinning [J]. Sensors and Actuators B: Chemical, 2014, 200: 181-190.

[243] OU G, XU Y, WEN B, et al. Tuning defects in oxides at room temperature by lithium reduction [J]. Nature Communications, 2018,

9 (1): 1-9.

[244] IVANOVSKAYA M, OVODOK E, GOLOVANOV V. The nature of paramagnetic defects in tin (Ⅳ) oxide [J]. Chemical Physics, 2015, 457: 98-105.

[245] CHEN D, WANG Z, REN T, et al. Influence of defects on the photocatalytic activity of ZnO [J]. The Journal of Physical Chemistry C, 2014, 118 (28): 15300-15307.

[246] HOU L, ZHANG M, GUAN Z, et al. Effect of annealing ambience on the formation of surface/bulk oxygen vacancies in TiO_2 for photocatalytic hydrogen evolution [J]. Applied Surface Science, 2018, 428: 640-647.

[247] ZHANG M, XU J, ZONG R, et al. Enhancement of visible light photocatalytic activities via porous structure of $g-C_3N_4$ [J]. Applied Catalysis B: Environmental, 2014, 147: 229-235.

[248] NADEEM I M, HARRISON G T, WILSON A, et al. Bridging hydroxyls on anatase TiO_2 (101) by water dissociation in oxygen vacancies [J]. Journal of Physical Chemistry B, 2018, 122 (2): 834-839.

[249] PU Y C, CHOU H Y, KUO W S, et al. Interfacial charge carrier dynamics of cuprous oxide-reduced graphene oxide (Cu_2O-rGO) nanoheterostructures and their related visible-light-driven photocatalysis [J]. Applied Catalysis B: Environmental, 2017, 204: 21-32.

[250] KARPURARANJITH M, THAMBIDURAI S. Design and synthesis of graphene-SnO_2 particles architecture with polyaniline and their better photodegradation performance [J]. Synthetic Metals, 2017, 229: 100-111.

[251] WANG G, WANG L. Hydrothermal synthesis of hierarchical flower-like α-$CNTs/SnO_2$ architectures with enhanced photocatalytic activity [J]. Fullerenes, Nanotubes and Carbon Nanostructures, 2019, 27 (1): 10-13.

[252] PU X, ZHANG D, GAO Y, et al. One-pot microwave-assisted combustion synthesis of graphene oxide-TiO_2 hybrids for

photodegradation of methyl orange [J]. Journal of Alloys and Compounds, 2013, 551: 382−388.

[253] FADILLAH G, WICAKSONO W P, FATIMAH I, et al. A sensitive electrochemical sensor based on functionalized graphene oxide/SnO_2 for the determination of eugenol [J]. Microchemical Journal, 2020, 159: 105353.

[254] CHEN C, CAI W, LONG M, et al. Synthesis of visible−light responsive graphene oxide/TiO_2 composites with p/n heterojunction [J]. ACS Nano, 2010, 4 (11): 6425−6432.

[255] BECERRIL H A, MAO J, LIUZ, et al. Evaluation of solution−processed reduced graphene oxide films as transparent conductors [J]. ACS Nano, 2008, 2 (3): 463−470.

[256] ZHANG X, LI K, LI H, et al. Dipotassium hydrogen phosphate as reducing agent for the efficient reduction of graphene oxide nanosheets [J]. Journal of Colloid and Interface Science, 2013, 409: 1−7.

[257] KIM C−J, KHAN W, PARK S−Y. Structural evolution of graphite oxide during heat treatment [J]. Chemical Physics Letters, 2011, 511 (1−3): 110−115.

[258] ZHOU Q, XU L, UMAR A, et al. Pt nanoparticles decorated SnO_2 nanoneedles for efficient CO gas sensing applications [J]. Sensors and Actuators B: Chemical, 2018, 256: 656−664.

[259] SHIRAVIZADEH A G, YOUSEFI R, ELAHI S, et al. Effects of annealing atmosphere and rGO concentration on the optical properties and enhanced photocatalytic performance of SnSe/rGO nanocomposites [J]. Physical Chemistry Chemical Physics, 2017, 19 (27): 18089−18098.

[260] WANG X, CHEN K, WANG G, et al. Rational design of three−dimensional graphene encapsulated with hollow FeP@carbon nanocomposite as outstanding anode material for lithium ion and sodium ion batteries [J]. ACS Nano, 2017, 11 (11): 11602−11616.

[261] LEE J S, YOU K H, PARK C B. Highly photoactive, low bandgap TiO_2 nanoparticles wrapped by graphene [J]. Advanced Materials,

2012, 24 (8): 1084-1088.

[262] ZHOU C, HUANG D, XU P, et al. Efficient visible light driven degradation of sulfamethazine and tetracycline by salicylic acid modified polymeric carbon nitride via charge transfer [J]. Chemical Engineering Journal, 2019, 370: 1077-1086.

[263] HU Z, LIU G, CHEN X, et al. Enhancing charge separation in metallic photocatalysts: A case study of the conducting molybdenum dioxide [J]. Advanced Functional Materials, 2016, 26 (25): 4445-4455.